U1068912

创新改变世界

创新思维启示录

魏　诺／主编

科学出版社
北　京

图书在版编目(CIP)数据

创新改变世界：创新思维启示录/魏诺主编．—北京：科学出版社，2013.7

ISBN 978-7-03-037912-2

Ⅰ.①创… Ⅱ.①魏… Ⅲ.①创造性思维 Ⅳ.①B804.4

中国版本图书馆CIP数据核字（2013）第134061号

责任编辑：郭勇斌 卜 新／责任校对：李 影

责任印制：吴兆东／封面设计：无极书装

编辑部电话：010-64035853

E-mail：houjunlin@mail.sciencep.com

科学出版社 出版

北京东黄城根北街16号

邮政编码：100717

http://www.sciencep.com

北京厚诚则铭印刷科技有限公司印刷

科学出版社发行 各地新华书店经销

*

2013年7月第 一 版 开本：B5（720×1000）

2025年1月第六次印刷 印张：12 3/4

字数：154 000

定价：58.00元

（如有印装质量问题，我社负责调换）

本书编委会

主编：魏　诺

编委：田安祥　周　超　朱陆莉　曹大刚

前　言

1982 年大学毕业后，我一直在高校从事教学工作。最近十多年，我常想，中国的教育最缺少什么？现在的大学最需要什么？现在的大学生最需要什么？想来想去，答案只有一个：创新与素质教育。正如《国家中长期教育改革和发展规划纲要》中所说：“教育是民族振兴、社会进步的基石，是提高国民素质、促进人的全面发展的根本途径，寄托着亿万家庭对美好生活的期盼。同时必须清醒认识到，我国教育还不完全适应国家经济社会发展和人民群众接受良好教育的要求。教育观念相对落后，内容方法比较陈旧，素质教育推进困难。”显然，创新与素质教育是我国教育发展的瓶颈。

为了探索创新与素质教育的新思路，增强创新与素质教育的针对性和实效性，全面提高大学生的基本素质，首先必须把创新与素质教育作为大学教育的必修课，其教材必须反映当代的新理念、新思维、新知识、新动态，必须反映教育的互动性和思辨性，以体现教育的真正目的：教育的目的是将空洞的心灵转化成开放的心胸（马尔克姆·福布斯语）。只有能够激发学生去进行自我教育的教育，才是真正的教育（苏霍姆林斯基语）。教育的艺术不在传授，而在鼓舞和唤醒（第斯多惠语）。

出于这样的考虑，就想写一本创新与素质教育的书。于是，从 2004 年 6 月开始构思并写作，2006 年在学校开设了创新与素质教育通识课。历经多年，不断求索，反复修正，终成书卷。

期望这本书的出版对创新与素质教育起到抛砖引玉的作用，对大学生活起到启蒙作用，并使读者走向创新人生。

最后，感谢科学出版社技术分社童安齐主编将此书推荐给人文分社，感谢人文分社责任编辑郭勇斌等对此书的反复校正所作的辛勤努力，感谢西安建筑科技大学对此书的厚爱，感谢我的妻儿对我的支持和鼓励，感谢我的朋友和我的学生对书稿提出的意见和建议，感谢我在书中引用的一些图文的作者，感谢未来的读者！

魏 诺

2013 年 6 月 14 日

目　　录

1 创新：改变世界的引擎

一 创新理念

想象是人的天性，是创新的本源，是飞向成功的翅膀。爱因斯坦曾说过："想象比知识更重要。因为知识是有限的，而想象力概括世界上的一切，推动着进步，并且是知识进化的源泉。"

飞翔的翅膀

1968年，在美国内华达州，3岁小女孩伊迪丝告诉她妈妈："她认识礼品盒上'OPEN'的第一个字母'O'。"这位母亲感到非常意外，就问女儿是怎么认识的。伊迪丝说："薇拉老师教的。"这位母亲听了之后，表扬了女儿，却把薇拉老师所在的劳拉三世幼儿园告上法庭。理由是：劳拉三世幼儿园剥夺了伊迪丝的想象力。因为她的女儿在认识"O"之前，能把"O"说成苹果、太阳、鸡蛋，等等。然而，自从女儿认识了26个字母后，便失去了这种能力。她要求劳拉三世幼儿园对这种后果负责，赔偿伊迪丝的精神伤残费。

三个月后，法院判伊迪丝胜诉。因为陪审团的成员被这位母亲的辩词感动了。

孩子是天使，天真烂漫，富于想象，任何人都没有权利折伤孩子们想象的翅膀。

2007年，温家宝总理在同济大学的演讲中强调：“一个民族有一些关注天空的人，他们才有希望……”一个富有想象力的民族，是一个充满希望的民族，一个展翅飞翔的民族，一个战无不胜的民族。

1 创新的经典理论

创新的本意是更新、改变或制造新的东西。1939年，美籍奥地利人、哈佛大学教授约瑟夫·熊彼特提出了创新的经典理论：“创新是新技术、新发明在生产中的首次应用，是建立一种新的生产要素或供应函数，是在生产体系中引进一种生产要素和生产条件的新组合。”

约瑟夫·熊彼特的创新理论具体分为五种方法：

（1）创造一种新产品；

（2）采用一种新的生产方法；

（3）开辟一个新的市场；

（4）取得或控制原材料、半成品的一种新的供给来源；

（5）实现一种新的产业组织方式或企业重组。

2 企业创新新理念

实际上，创新思想在不断深化，创新理念在不断升级，创新方法在不断发展，它的内涵越来越丰富，外延越来越广泛。美国达特茅斯学院塔克商学院教授维贾伊·戈文达拉扬说：“很多不同的内涵都被划入了创新的范畴。创新不一定与技术有关。”例如，麦当劳推广的自助快餐就是用一种不同的方式经营餐馆，并不涉及技术突破。

创新与发明不同。发明是创造出某种新东西，创新则是创造出某种能赚钱的新东西，能让消费者喜欢的新东西。创新者的一个决定性特点在于：将灵感投进喧闹的市场。

◆ 创新内涵不断充实

20世纪90年代，创新指的是技术、质量和成本控制。现在，创新指的是提高企业运行效率，对其加以改造，使之具有创造力及新发展。创新不但包括新技术、新发明在生产中的应用，而且包括对现行技术和生产系统的改造、产品质量的提高、性能的改进以及企业改革，包括改造业务流程和打造新市场，包括对创意进行选择、实施及尽快推向市场。更重要的是，互联网和全球化的发展带来了更多的创意。因特网、Google和iPod就属于对产品进行改造类创新。虽然网络、电脑的互联在因特网之前就已经出现，但因特网的创新却在于：它可以把电脑中任何一个字传到世界各地。Google当初是以普通的搜索引擎出现的，但强大的功能和便捷的操作却使Google独树一帜，成为因特网交互性的标志之一。iPod最初只是一个从因特网下载音乐的小工具，但简便的操作、时尚的外表、悦耳的音质，使iPod成为一种新文化的象征。这些例子的创新性都在于：它们以新的方式重新组织了现存的各种资源。

简单地说，创新就是创造出人们喜欢的东西。对企业而言，就是造就一种内在的创新文化，不断地把新点子变成人们喜爱的产品。

高盛公司首席“学习官”理查德·莱昂斯对创新的定义很是简洁：“创新是创造价值的新想法。”

经济合作与发展组织将创新定义为：“创造财富和社会福利的新产品、新的商业流程和新的组织结构调整。”

从企业来看，创新就是想方设法在企业的日常事务中创造一种共识，这种共识将使企业的产品或服务不再是简单的复制。企业的产品或服务其真正的价值就在于差异，这种由创新带来的差异使产品或服务变得更实用、更艺术性、更人性化、更具有诱惑力。

《人民日报》评论员陈家兴认为："创新的内容十分广泛。从制度到体制，从管理到服务，有没有创新的理念对于企业的发展起着决定性的作用。"

在更广泛的意义上，创新不仅是科技上的新发现，而且包括科学人文知识的突破，文学、艺术、思想潮流的新辟蹊径，另类商业经营模式的诞生，各种新型的政治、经济、社会、司法制度的创建等。尤其对中国而言，创新不仅体现在技术方面，而且体现在社会管理方面；体现在国家资本活跃的程度上，体现在外来投资的规模上；体现在能源的有效利用方面等。中国正在这些方面加大改革，调整发展。照此下去，中国经济将又好又快地发展。

美国的多元文化为创新带来了丰富的成果，从推特、脸谱、Groogle 到 iPod，一一展现出创新的魅力。

◆ 创新新趋势

当今的跨国公司在全世界使用资源，在全世界使用人才，在全世界进行开放式创新。它们正在采用开放的理念走向世界。这是一种趋势，势不可挡。

现在，世界就是你的研发实验室。许多企业都采取开放式工作方式，公开寻找研发创意，在一些大型项目上与供应商甚至竞争对手合作，以便提高项目的效率和影响力。加利福尼亚大学商务学教授亨利·切斯布拉夫说："当你和外界合作时，他们会承担一部分成本和一部分风险，并加快进入市场的时间。"

宝洁公司曾经是美国最传统的公司之一，但现在它却是开放式创新的典范。它的产品（如象牙牌肥皂、碧浪牌洗衣粉等）在过去都是秘密研发的，但现在其研发过程却是开放式的。如今，宝洁公司与大学、供应商及外部的发明者合作，将来自外部的新产品设计比例从1/5提高到1/2。宝洁公司还在企业以外建立了多个创新者网络体系，寻求研发创意。

IBM是另一个实行开放式创新的大公司。IBM公司拥有4万多项专利，是现今世界上拥有最多专利的企业。过去它对产品创新严格保密，现在也实行了开放式创新，并将自己的500项专利技术对外界程序员免费开放，主动献给了“创作共享”，并为“开放式发明网络”公司的创立提供资金帮助。从长远看，通过帮助建立和培育技术生态系统，IBM公司将从中获益。

Google公司对公众开放它的地图生成技术，实行“共享、重组、再造”，也是开放式创新浪潮的一个范例。

东软采用开放式创新模式，把自己的软件产品放在了品牌产品的硬件设备里，即放在了大型医疗设备里。它希望用自己的软件换来整个产品。结果，中国约有3000家医院使用东软的设备，它的产品卖到了全球46个国家。

毫无疑问，那些最善于开放式创新的企业必将成为未来全球的领先企业。

◆ 创新形式灵活多样

2006年，《商业周刊》和波士顿咨询集团再次联手调查，制定创新企业排行榜，寻找最具创新精神的企业及其奥秘。

新排行榜上的企业涉及各种类型的创新。有技术创新型企业，例如“黑莓”手机生产商RIM公司；有经营模式创新型企业，例如，英国维珍集团将时尚生活方式品牌推广到了航空、金融服务、医疗保险等乏味的商业活动上；有对业务流程进行创新的企业，例如，西南航空公司很善于通过改善服务来战胜竞争对手；有热心于革新生产流程的创新型企业，例如，丰田汽车公司启动了它的“价值创新战略”，与供应商密切合作，重新研究设计流程，在整个汽车系统内寻找降低成本的方法，所以人们将丰田公司看做是产品创新型企业；有擅长多种创新的企业，例如苹果公司为了开发 iPod 进行了多种创新，创新形式包括网络渠道、经营模式及品牌推广（白色的耳机和导线有多酷!），从而使消费者钟情于 iPod 的便利及美好的感觉；还有对商业模式进行创新的企业，例如，重庆摩托车生产企业。因为重庆的私营企业既没有像本田那样拥有雄厚的资产，也没有像铃木那样拥有过硬的设计，所以他们想出了一种与众不同的商业模式：摩托车制造商对于从供应商那里获得的部件，没有规定每一个细节，只是具体指定了类似尺寸和重量这样的重要特征，让外界的设计者灵活设计。这种灵活的设计理念非常成功，不仅大幅度削减了成本，而且提高了质量。显然，这种创新模式更简单、更灵活、更实用，比传统的创新形式技高一筹。

我坚信，全球化和信息技术的传播将创造出更加灵活多样的、更加出人意料的创新模式。

◆ 创新的动力

企业创新的动力来源于哪里？答案是：来源于人文环境。比如，微软公司在推动创新方面有一个非常优越的机制。比尔·盖茨每年都会专门抽出时间，暂时放下繁忙的日常工作，亲自前往华盛顿州北部的圣胡安岛，逐个审阅微软员工提交的一些创新点子和建议，从中精挑细选，找出一些最有价值的创意带回微软总部，并着手落实那些闪光的点子和建议。

创新动力的另一个重要来源是消费者的需求。

2005年，美国沃顿商学院和波士顿咨询公司的调查显示，“对消费者需求缺乏了解”是创新所面临的主要障碍之一。斯通-山下合伙公司的舒曼说：“你需要时间，需要思考的时间，从每天的工作中走出来，看看世界上发生了些什么，看看消费者身上发生了些什么。”

星巴克公司也是这么做的。这家咖啡公司早在2002年就开始进行市场研究，并依靠它的“咖啡师”来了解消费者的需求。后来，又开始让产品研发人员和跨部门小组进行名为“灵感”的实地考察，去亲眼看一看消费者和流行趋势。星巴克公司高级副总裁米歇尔·加斯率领一班人前往巴黎和伦敦，参观当地的星巴克连锁店，参观当地的餐厅，详细了解当地的文化、习俗和时尚。加斯说：“当我们回来的时候，脑子里充满了创新的想法，这和我们从杂志或电子邮件中获取的信息截然不同。”

诺基亚公司通过对中国、印度等国家的市场进行调查，了解到文盲是如何在充满数字和字母的世界上生活的。结果一种新型“图像”菜单诞生了，它可以让不识字的消费者按图片组成的菜单进行操作。在一些较为贫困的国家，手机对人们来说算是很昂贵的产品，所以消费者希望手机更加耐用，

在研究消费者需求方面，宝洁公司的做法很独到。它在美国俄亥俄州辛辛那提市郊区工业区里开了一家小超市。超市的货架上井井有条地摆放着一些肥皂、洗发水、护发素、洗衣粉、牙膏等日用品。这家超市名称叫“消费者村”[①]，是宝洁公司专门研究消费者购物习惯与消费心理的研究场所，这里的研究成果将为公司进行产品

① 访宝洁公司“消费者村”. http://news.b2b168.com［2009-03-16］

和服务创新提供依据。

超市工作人员巴里·菲斯特对记者介绍道："根据实验得知，研究消费者最好的场所一是在商店，二是在家里。宝洁公司就是根据这一思路设计研究场所的。我们的想法是，尽量使'消费者村'里的环境更加逼真，从而营造一个让研发人员与消费者进行密切接触的氛围。"

菲斯特说："我们请消费者到这里参加我们的研究项目，请他们到超市购物，到厨房里洗碗、擦地板，到客厅里清洗沙发、家具。通过观察消费者在挑选和使用产品时的言谈举止，研发人员可以得到第一手材料。例如，在观察消费者洗手时发现，有的消费者在洗手时先将肥皂打在手上，然后再用水清洗；而有的消费者是先用水洗过手后，再用肥皂。这种不同的习惯可能对我们的产品有不同的需求。"

"消费者村"还邀请消费者到这里参加专题讨论。消费者可以畅所欲言，对产品进行评说，从而使研发人员更多地了解消费者的需求。

宝洁公司负责全球消费者与市场研究的资深副总裁琼·刘易斯说："我们认为，要设计和生产出让消费者满意的产品，就必须全面地了解世界各地的消费者。"

卡耐基说："真正为客户谋利益者，就不用担心利润。"市场的活力永远珍藏在潜在的消费群体里。因此，千万莫沉醉在眼前的销售狂潮中。

危机是创新的又一推动力。

最近，来自生产第一线的企业经营状况的报道显示，在次贷危机冲击下日子难过的企业，基本上都是缺乏自主创新的企业。这一现象充分说明，企业不创新就没有出路。美国股神巴菲特更是直言：

“当潮水退去时，就会发现谁是裸泳者。”如果企业没有创新，当经济危机到来时，它就只能是那个无法上岸的裸泳者。

创新的灵魂在于居安思危。面对次贷危机和更加激烈的市场竞争，迫使腾讯、百度和阿里巴巴等公司把焦点放在创新上；迫使茅台、蒙牛和李宁等消费品品牌更加关注品牌的塑造，以便适应消费者关注的健康的生活方式。像青岛啤酒、海尔及联想等重点发展品牌的企业是中国企业的样板，展示了中国企业未来发展的方向。

危机，向缺乏创新的企业发出警告：创新是企业生存和发展的唯一出路！经济学家蔡昉认为，在遭遇周期性经济危机时，往往也是重新组合生产要素的时候，言下之意，危机将给企业带来机遇。有些企业一直不曾面对真正的危机，所以缺乏求变的动力，缺乏创新精神。硅谷著名风险投资家维诺德·科斯拉大为感叹：“把危机浪费掉真是太可惜了。”

一句话：资本时代已经过去，创意时代正在来临。

3 创新理念应用范例

◆ 5 美元的境界

1914 年 1 月 5 日，福特宣布：我们将于 1 月 12 日起，把工时从 9 小时下调到 8 小时，向每名员工提供利润分成，22 岁及 22 岁以上的员工最低日收入将提高到 5 美元。

消息发布当天，底特律的曼彻斯特大道人头转动，拥挤不堪，每个人都想去福特拿 5 美元的日工资，起码是平时的两倍多。1 月 12 日气温接近 0℃，但人们却因为 5 美元的正式生效而热血沸腾。

人们向往福特，歌颂福特：“我要去底特律，去找一个叫福特的人，找一份好工作，不再挨饿！”5美元的意义在于：福特发现了利益调节机制的作用。利益调节机制不仅可以调节动力，而且可以调节对于“人”的认识。

福特在提薪政策中规定，你必须符合下列条件才可以享受日薪金5美元。如果你不符合下列条件，无论你多么努力，多么有成效，只能享受2.38美元的标准工资：

（1）同家人生活在一起并乐意照顾家庭的已婚者；

（2）如果你是22岁以上的单身，但要为人节俭；

（3）如果你在22岁以下，若有近亲或血亲获得你的帮助，也可以享受。

这些规定响亮地向社会声明，福特提高薪酬，是为了让每个家庭都享受到幸福的生活，这就是5美元的境界！沃尔玛更是一语道破天机：“如果你想要员工照顾好你的顾客，那么，请首先照顾好你的员工！而一旦企业把投资重点从设备转移到员工身上，整个生产程序将会产生难以想象的效益。”换句话说，企业真正强大的是它的员工，而不是它的机器！

这个例子值得我们每一个管理者深思。它明白无误地告诉我们，以人为本的理念是人类生活的基本准则，是社会和谐的基本保证，是科学管理的最高境界。在我国，以人为本是科学发展的核心，是国家繁荣昌盛的基础，是企业兴旺发达的根本。尤其在当前金融危机时期，好办法不是裁员，而是要通过维护广大员工利益，充分发挥每个员工的创造性和聪明才智，集思广益，凝聚力量，这才是渡过危机的法宝，是企业生存与发展的长远大计。

◆ 以色列强大的秘密

在世界地图上，以色列是名副其实的“小不点”。但是，这个仅有700万人口、面积比北京市略大一点的国家，半个多世纪以来面对10倍于己的敌人，经历5次中东战争，愈战愈勇，愈战愈强。秘密何在？

一般人看来，以色列在军事上的强大当然得益于美国的支持。更重要的是，以色列在教育上的投入使其国民素质较高，每1万人就有140名科学家和技术人员，比美国的80人和日本的75人还多。从1901年诺贝尔奖首次颁奖到2001年，在680名获奖者中，犹太人或有犹太血统者就有138人，占了约1/5。犹太人创造的奇迹不得不令人佩服。

美国的军事援助加上国民的高素质，是以色列在强敌环伺的中东得以立足的重要原因。但是，这个弱小民族强大的背后隐藏的真正秘密，著名作家阿摩司·奥兹给出了答案。奥兹先生讲述了他亲身经历的两件小事。

第一件事是，一次，他收到总理府来电，说总理读了他的文章，邀请他一起喝咖啡，交流意见。“我去了，和奥尔默特总理喝咖啡，聊了一个半小时，结果呢，我们谁也没有说服谁。”

第二件事是他打出租车的经历。一上车，出租车司机便认出了这位经常上电视发表见解的作家，对他说：“我读过你的书，但是我不同意你的观点。”然后，这位司机就滔滔不绝地表白自己的观点，奥兹先生压根就插不上嘴，只能洗耳恭听。

作家见总理，激辩一番后扬长而去；司机碰见作家，不是盲目崇拜，而是亮出自己的观点。从司机、作家到总理，以平等的态度交流思想、讨论问题，这就是以色列人的真实故事。用奥兹先生的话说就是：“我来告诉你吧，以色列强大的秘密就是怀疑和辩论。”

因此，在这个国家，每个人都在思考，大家相互辩论，不同的观点相互碰撞，各种见解互相交流和传播，于是整个社会在不断交流、不断辩论、不断修正中前进。

很显然，也很重要的是，犹太人喜好不同的见解和看法，对每一个问题都喜欢从不同的视角来观察。以色列公民是典型的“批判性公民”。正是“批判性公民”意识，推动了政府不断完善公共服务，不断强化民生意识；正是“批判性公民”意识，使政府改进得越来越受信任。

◆ 富有创意的日本社会

日本是一个被世界公认为富有创意的国家，在短短几十年里就从“日本制造”跃升到“日本创造”，实在令人惊叹！我们关心的是，“日本创造”到底从何而来？

在日本，小学和中学都设有“动手”教室，学生可以在里面做木工、搞设计、绘画、做陶器等，日本甚至建了一所“做东西”大学。日本政府还拨出很多预算专门研究“做东西”问题。因此，日本社会上下倡导“动手”，“做东西”的意识渗透到整个日本社会。

日本人认为，自己国家的产业竞争力就来自于“做东西”。“做东西”过程是建立在师徒传承、长期现场工作的基础之上，从而为创意的产生和实现提供了广阔的空间，而且“做东西”本身就是一种对创意的无限向往和对产品精益求精的不懈追求。

日本的年轻人十分注重自我表现，甚至花数万日元把自己装扮成一个漫画中的人物。在涩谷、原宿经常能看到很多漫画般的人物。可以说，生活中的美感是日本社会创意的源泉。

在日本，不论是学生俱乐部，还是产业组织，其创意活动的基础是团体。日本公司凝聚着一种集团文化。他们常常为了一件看似很小的事情开展充分的讨论，集中大家的智慧，收集各种信息，评估和预测各种结果。个人的想法往往最后都作为集体智慧表现出来。

这种集团智慧极大地增强了日本企业的国际竞争力。在崇尚集团文化的同时，日本人还觉得，研究的东西越细小，越能研究清，越能研究透，越能研究深，所以他们很热心钻研很小的一个部分。结果，日本的专家极专，他们常常研究一个非常微小的课题，并且为此竭其一生。

日本人非常重视“现场主义”，从而为创意的产生奠定了客观基础。比如田中耕一，在获得诺贝尔化学奖前一直在公司实验室干活，获奖之后仍然坚持在实验室工作。他坚信，现场是灵感与创造的源泉。像田中耕一这样的研究者在日本还有很多很多。他们终身如一地在同一公司、同一方向探索。日本社会非常尊敬这种技术专家。他们认为，只有维护这些人的忠诚心，技术才能被传承与创新。所以，他们把最好的待遇提供给在一线工作的人员。在日本，很多“白领”的工资其实很低，远不如在现场工作的高级技术工人。尽管他们始终如一地干着同一种近乎枯燥的活儿，工作在狭窄的工厂，但日本社会敬重他们，他们生产的产品畅销世界。

◆ 美国制造在哪里？

中国人有个习惯，出远门的时候总要给亲朋好友带点儿礼物回去，而且最好带地方特产。从遥远的美国旅行归来，更是要给亲友带一些礼物，否则回去见面还真不好交代。于是，在美国期间，购买地方特产便成了一项任务。可是，找来找去，发现皮包、玩具、工艺品、旅游纪念品等礼物大部分都是中国制造。从美国的西部到东部，从大商场到超市，从专卖店到杂货铺，想找一个印着“Made in USA”标签的东西实在是太难了。

一般人看来，美国只生产汽车、飞机、计算机、西药和好莱坞电影。但是，美国生产的产品要占到全球制成品生产总值的21%，中国仅占8%。那么，美国的制造业到底在哪儿？

从表面上看，在美国本土生产的主要有两类产品：一类是大企业，主要生产汽车、飞机、计算机等高科技、高附加值的产品；另一类是中小企业，主要生产有较高科技含量的机械、电子部件，而传统的低附加值、劳动力密集型产品大多数已转移到国外加工。转到国外加工的产品，其品牌设计仍然是美国的。“中国制造”只是在中国加工或组装而已。POLO、GAP、耐克等牌子都是美国品牌、美国技术，企业的“大脑”还在美国，转移的只不过是生产基地而已。

美国在向国外转移制造业的同时，也以资本为纽带掌控着它在国外的分公司。在市场经济条件下，资本是实施控制的有效手段。谁是公司的大股东，就是谁说了算，不管工厂在那里，资本的力量是谁也无法撼动的。在输出资本的同时，美国也向国外输出了美国的管理理念和企业文化。比如赫赫有名的好莱坞电影。好莱坞大片不仅影响了全球电影界，而且向全世界传播美国的文化和价值观，成为美国宣传美利坚思想的有效工具。再比如伊拉克战争。美国说要消除伊拉克的大规模杀伤性武器，这当然是天方夜谭。关键是伊拉克在“石油换食品计划”中改用欧元结算，触动了美国的“命根”——石油美元霸权。为什么非要发动战争？用其他方法不能奏效，只剩下战争这张牌了。

总的来看，美国控制世界的手段至少有五种：资本、技术、品牌、文化（价值观）和恐怖战争，这些手段是综合运用并逐步升级的。美国在向国外输出这些东西的同时，换回的是资源和巨额财富。这就是现代版的“美国制造”。显然，“美国制造”升级了！

德国历史学派经济学家李斯特曾指出：“力量比财富更加重要。”一个国家的发展程度，主要不是取决于它所蓄积财富的多少，而是决定于它的生产力发展程度。他说："因为力量的反面——软弱无能足以使我们丧失所有的一切，不但使我们既得的财富难以保持，就是我们的力量，我们的文化，我们的自由……甚至我们国家的独立自主，都会落在力量上超过我们的那些国家手里。"正因为如此，发达国家无一例外地一直致力于增强自身的创新能力。

◆ 管理与企业未来

管理的任务就是给工作人员创造自由的氛围，从而使工作人员呈现出智慧。它告诫我们，不仅要关注科技与财富的繁华，最重要的是要创造它们赖以生长的自由土壤。正如查尔斯·克劳萨默所说："创造力的精髓是自发性。一个社会的创造力大小与人员及思想的流动速度成正比。"

2005 年 8 月，中国一批国有企业主管来到哈佛商学院，进行为期 3 个月的培训。上"管理与企业未来"这门课时，按照哈佛的案例教学法，每人发了一份具有测试性质的案例：请根据下面公司的管理现状，判断它们的前途。

公司 A：8 点钟上班，严格实行打卡制，迟到或早退一分钟扣 60 元；统一着装，佩戴胸卡；每年组织一次旅游、两次聚会、三次联欢、四次体育比赛；要求每个员工每年提 4 项合理化建议。

公司 B：9 点钟上班，不考勤；每人一个办公室，办公室可以随心布置；在走廊的白墙上可以随便涂鸦；饮料和水果免费供应；上班时间可以去理发、洗澡或游泳。

公司 C：想什么时候来就什么时候来，爱穿什么就穿什么；上班时间可以把家里的狗和孩子带到办公室，也可以去度假，并不扣工资。

发完答题卡后，教授说，请根据各自的管理经验做出判断。最后，96%的人看好第一家公司的前景。

测试完毕，教授公布了三家公司的真实身份。

公司A：广东金正电子有限公司。1997年成立，是一家集科研、制造于一体的高科技企业。2005年7月因管理不善申请破产，生存期9年。

公司B：微软公司。1975年创立，现为全球最大的软件公司，是美国最有价值的企业。

公司C：Google公司。1958年由斯坦福大学的两名学生创立，股票市值，超越全球媒体巨头时代华纳，并超过了百年老牌可口可乐。

教授宣布完结果之后，开始讲课。但那堂课他们什么也没听进去，心情全被那个案例搅乱了。

后来看了讲义才知道，那堂课讲的是《管理与企业未来》第一章：自由是智慧之源。在这一章里，有这么一段："在知识经济时代，财富不过是在自由价值观普及的社会里无数个人自由活动的副产品。在个人自由得到最大保障的社会，民众的智慧空前活跃，创新的东西被不断推出，财富作为副产品就会像火山爆发般喷涌出来。管理则没有这种效果。管理可以聚集现有的智慧和力量，可以创造一时的强盛，但会使智慧之源枯竭，为强盛之后的土崩瓦解埋下伏笔，必将无一例外地导致企业衰亡。"①

◆ 企业高管为什么必须学会讲故事？

人们都经历过企业领导的讲话，总是习惯用"第一点、第二点……第一项、第二项……"的方式来表达。这样的方式看上去条理

① 刘燕敏．公司A、公司B、公司C……思维与智慧，2007，(2)：49

清晰，但对听众来说却是平淡无味，左耳进右耳出，很难留下深刻印象。而讲故事的效果就大不一样了。故事不仅能吸引听众的注意力，增强记忆力，而且能使抽象的道理通俗化，更容易理解。故事就像一个鱼饵，吸引听众思考故事所传达的观点。凡是听过“龟兔赛跑”故事的人，都能从中知道“勤能补拙”“坚持就是胜利”的道理，而且终生不忘。

对企业而言，故事不仅是企业领导传达观点的好方式，而且也是员工凝聚情感、创建企业文化的有效方法。故事有角色、有情节、有情感，是企业领导描述未来、解释新事物的好方法，也是分享个人经验的好工具。讲故事的影响力远远超过其他的表达方式。比如，在西方企业管理界享有“故事大王”美誉的斯蒂芬·丹宁，在从事企业管理咨询之前，曾任世界银行知识管理项目部主任。当时，他想把世行变成一个知识共享的组织。为此，他运用书面报告、图表、幻灯等手段，试图让世界银行官员接受他的观念，但都无济于事，官员们就是弄不懂这一变革的意义。万般无奈，丹宁想到了讲故事，他向官员们讲了这样一个故事：赞比亚卡马那市一位医生，因为找不到治疗疟疾的方案而焦急万分，一筹莫展。但当他登录了美国亚特兰大疾病控制中心的网站后，轻而易举就得到了想要的所有资料。速度之快，信息之多，成本之低，效率之高，令人无法想象。

世界银行官员听完这个故事，终于明白了斯蒂芬·丹宁这一变革的重要价值，很快就讨论通过了实施知识管理的方案，并宣布要把世界银行变革成一个知识共享的组织。

现在，斯蒂芬·丹宁的观点已被世界企业界普遍接受。为了让管理人员掌握讲故事的技巧，IBM 公司在纽约阿莫克的经理人发展部门，请来在好莱坞有 15 年剧本写作和故事编辑经验的著名编剧奥顿担任顾问，专门训练经理人如何绘声绘色地讲故事。耐克公司提出了“讲故事计划”：每个新员工都要听一小时的公司故事，耐克的教育总管也因此被称为“首席故事官”。可口可乐公司、美国西部电话公司、壳牌石油公司以及亚美泰公司，纷纷聘请密歇根大学商学院教授诺尔·迪奇，以讲故事的方法来培训经理人。上汽集团也不例外。许多企业开始开发有利于企业的故事，这些故事通过讲述公司的历史来增强员工对公司的认同感，也告诉员工怎样对待公司的今天和明天。

4 中国的机遇与挑战

当今，国内外普遍认为：21 世纪的中国将是一个飞速发展的“世界工厂”。她将引领世界经济的重心，她将成为世界经济大国。最近几年，外资纷纷投向中国，中国产品的出口势头旺盛，经济发展潜力巨大。人们对中国的发展充满了自信。然而，当我们仔细分析实际情况之后，居安思危的感觉油然而生。

据《华尔街日报》报道，中国一家给沃尔玛提供小电器的企业，10 年前出厂批发价是 7 美元的产品，现在被砍到 4 美元，如此低的价格使企业只好裁员加班，员工每日工作长达 18 个小时，而月收入却仍然很低。即使这样，工厂仍然举步维艰，无利可图，只能在生存线上挣扎。

沃尔玛之所以能无限压低价格，是因为它知道自己的订单大，小企业要靠它生存，所以拼命砍价。这正是由于中国内需不足，只好依靠出口，于是沃尔玛就成了“衣食父母”。很显然，靠给沃尔玛供货，不管如何努力，你永远做不大，因为沃尔玛的价格战使你没有资本积累的空间。这些供货的小企业，除了眼下的生存之外，不可能有任何发展前途。

所以，中国的出口虽然看起来轰轰烈烈，但绝大部分利润都是这样被别人赚去，中国从中获益十分有限。《华尔街日报》一语道破天机："我们与中国的贸易是天下最好的买卖。中国为我们生产我们觉得没有赚头的产品，而且价格奇低，利润大部分也被美国公司赚走。"香港《远东经济评论》2008 年 1～2 月号刊发的文章直接指出："美国对华贸易赤字是虚假的，约 50% 来自中国的出口实际上来自在中国设厂的外国公司。"因此，在中国的一些跨国公司流传着这样一句名言："把利润都带走，把 GDP 留给中国。"

随着生产供应链越来越复杂，各个零部件由不同的国家生产，最后都运到中国进行组装。苹果公司的 iPhone 手机正是这样。越来越多的汽车、飞机、电器，甚至服装的生产都涉及很多国家。世界贸易组织总干事帕斯卡尔·拉米认为，在供应链具全球性特点的这个时代，把商品的市场价值归于最后一个生产国，会扭曲双边贸易不平衡的真实经济因素。这会影响政治辩论，导致认知错误。① 所以，看上去中国好像从国际贸易中获得了很大的回报，实际上真正的利润被美国、日本等外国的公司所得。比如一个芭比娃娃的售价是 20 美元，但中国只能获得其中的 35 美分。

客观地说，中国的绝大部分企业，尤其是中小企业，迄今还无法从从事基本生产提升到从事设计以上工作的水平。除了联想和海尔以外，中国几乎没有什么叫得响的全球品牌。由此我们看到了一些深层次的问题，那就是：我们目前在产业结构上仍以低档产品为主，高技术装备、重大成套装备还是靠进口，缺少自主知识产权的品牌，这是经济发展的瓶颈。所以，中国现在讲起来还只是世界制造业的一个加工车间，凭的是资源和廉价劳力。这不但造成了高污

---

① ［法］帕斯卡尔·拉米（世界贸易组织总干事）．"贸易不平衡'中国造'"是认知错误．参考消息，2011-01-28，14

染，而且绝大部分钱都让别人挣去了。难怪有人说我们是国际市场上的打工仔。

这既是严峻的挑战，也是难得的发展机遇。像沃尔玛这样的跨国集团到中国抢占市场，外资的涌入，工厂的建立，给中国造成了一个短期的优势，提供了大量的就业机会，使得低效率企业淘汰所引起的困境有所减缓。我们只有利用这样的短期机会，加速市场经济体制改革，创建自主创新优势，才能真正摆脱困境，持续发展。

因此，自主创新已成为我国经济发展成败的分水岭。我们必须全力以赴，尽快实现从自然资源开发为主向人力资源开发为主的战略转变，从技术引进为主向自主创新为主转变，从低端制造到中高端制造的转变，才能提高我们的国际竞争力，才能使我们的经济又好又快地持续发展。

5 我们的任务

一个国家的前途，将主要取决于国民的素质和创新智慧，而不是取决于自然资源。原因很简单：创新是最直接的生产力。我国企业的自主创新意识淡薄，自主创新能力差。国内企业中拥有核心技术专利的仅占全部企业的万分之三；制造业的核心技术和关键设备基本上依赖国外，产业技术举步维艰。对此我们必须有清醒的认识。要全面提升我国企业的自主创新能力，需要全民共同努力，需要一个精心培育和全力支持的发展过程。为此，国家知识产权局原局长王景川认为："必须营造全社会尊重自主创新、支持自主创新、保护自主创新的社会风尚，建立科学的自主创新体制，完善增强企业自主创新能力的法律法规体系。"

◆ 把创新教育纳入教育教学的基本内容

培养创新型人才，学校首当其冲。我国学生创新意识淡薄和创新能力缺乏是教育教学的薄弱环节。对此，我们先看一下周正教授的亲身经历：

“1979 年，中美互派教育考察团，对两国教育进行评估。中国教育考察团到了美国学校，发现那里的孩子不遵守纪律，上课乱动，二年级了还不会背乘法口诀。中国考察团于是得出结论：20 年后中国的教育必将超过美国。美国教育考察团也来到中国，他们发现这里的孩子遵守纪律，非常勤奋，甚至一大早拿着饼，吃着饭去上学，晚上回家还有大量的作业。美国考察团由此得出结论：20 年后美国的教育可能会落后于中国。”

“20 多年过去了，中国的教育并没有超过美国。为什么？因为中国的孩子缺乏创造性。”

“一个人若没有创造性，今后无论干哪一行，都不会有所作为，学历再高也没用。如果你们不从现在开始，再过 20 年，我们依然会和发达国家有巨大的差距。”①

为什么中国学生缺乏创新能力呢？一个流行的看法是：中国的教育过于重知识、轻能力。据说，一个中国学术代表团访问美国时，曾与美国同行讨论为什么中国学生基础扎实而创新能力不足，美国同行回答说：“或许，知识的洪流淹没了他们创新的头脑！”

美国哈佛大学博士岳晓东则给出了四个原因：思维标准化，知识无活力，发散思维受阻，创新认知非凡化。

美国马里兰大学教授刘全生认为：当今的中国大学最需要的是

---

① 程宇洁．一堂心理课．读者（原创版），2006，(10)：30，31

“三创”，即创意、创造、创业。创意是指要有新观念、新设计；创造是指动手能力，有新发明、新技术；创业是指开创事业。如果前两项比较弱，创业就几乎是不可能的。中国的大学生忙着就业的多，想着创业的少。

美国在这方面有很多值得我们借鉴的东西。比如，著名的雅虎公司和惠普公司最早都是由两个大学生在斯坦福大学创立的。学生创业不仅解决了自身的就业问题，也为大众和社会创造了财富和福利。例如，惠普等企业的成功就是教学研究与学生实践相结合的产物。学生主动去研究而不是死记硬背，通过研究去创造，把老师讲的理论和学生的热情与动力结合起来，往往能够产生巨大的效益。创新主要是配合资讯时代的需要，适应知识创新的需要。这一点马里兰大学做得很好。学校成立了“创新班”，一半是商学院的学生，一半是工学院的学生，把他们放在同一个宿舍里。每周请一位有创业成就的人给他们讲创业经验，有成功的经验，也有失败的经验。每个学期要求学生写一个如何组建企业的计划书，然后参加学校组织的竞赛。这个计划书可使学生了解公司如何创业，有什么具体的技术，什么产品适合市场发展等。学校组织的商业竞赛前 3 名可以得到 5 ~ 10 万美元奖金，这对学生诱惑很大，激发了他们的创业精神。现在学校大概有 10 多家公司，有些公司已经赚钱。好一点的企业会有些补助，还有些是要自己找投资，当然学校也会帮助这些企业去找外面的投资，这种项目叫做“种子投资”。当年，Google 公司和微软公司都是先在校园里得到赞助才逐步发展起来的……

因此，中国教育将迎来新的发展机遇，把创新教育纳入教育教学的基本内容刻不容缓。从小学到大学概莫能外。实际上，创新意识和创新思维是从小就开始培养并逐步形成的。长大以后，思维模式一旦形成，是很难改变的。人们常说：“江山易改，本性难移”，说的就是这个道理。如果从研究生阶段开始培养，只能是亡羊补牢。因此，创新意识和创新思维的培养是越早越好。知识传授和创新教育应在学校同步进行，二者同样重要。学校应立即行动起来，扎扎实实地做一些具体工作，而不是仅仅停留在口头上或形式上。这就要进一步完善教育体制，制定落实创新教育的具体细则，为培养创新型人才做一些最基础的工作。

要发展创新素质就必须发展个性教育。发展个性教育就是培养和发展个人特长。一个人的特长就是这个人最有悟性的方面，就是这个人最具创新性的方向，也是最适合这个人发展的方向。

要发展创新教育，就必须让教育专家管理学校，必须让一流的科研人员走进大学课堂，必须让具有高级职称的教师全身心地投入教学，必须让反映最新科技动态的教材成为大学教材，必须让大学课堂具有互动性和思辨性，必须让学生接触新理念、新思维、新知识、新动态。

◆ 加快建立科学的、系统的自主创新体制

中国人民银行副行长易纲认为，创新者需要有独立的人格，而不是对权威唯命是从；他要有独立的思考能力和判断能力，而不是人云亦云；他要有平常心，而不是患得患失；他是一个安宁的、踏实的人，而不是心情浮躁、急于求成。我们缺乏的就是这样的人。就像精美的艺术品是易碎的一样，许多一流的、具有创新能力的科学家、艺术家、文学家和技术人才的心灵是精巧的、脆弱的。有了相应的体制保障，有了适宜的人文环境，才能使创新人才具有独立的人格、独立思考的大脑及舒展自由心灵的空间，才能够有创新。因此，一个科学的、系统的自主创新体制亟待建立。培育创新意识，开展创新活动，体制创新要先行，从而为创新人才的培育提供保障。

此外，在创新体制建设方面，也可借鉴国外一些行之有效的做法。

◆ 培养全民的创新意识和企业的创新文化

要发展创新教育，建设创新型国家，就必须培育全民的创新意识，必须塑造企业的创新文化，尤其是必须培养学生的创新意识和创新能力，这是建设创新型国家最基础和最必需的工作。创新意识一旦普及，就为创新工作奠定了群众基础。就像中国的乒乓球运动和巴西的足球运动一样，一旦普及了，全民参与了，夺冠也就很自然了。也就是说，创新型国家不是仅由少数人奉命去创新的国家，而是一个全民参与创新的国家。

对于一个人来说，有没有创新意识，是决定人生成败的关键；同样，对于一个企业来说，有没有创新理念，是决定企业能否持续发展的关键；对于一个民族来说，道理亦是如此。当创新成为人们的一种思维习惯，成为一个企业的自觉意识，成为一个民族津津乐道的文化时，创新型国家的建立就离我们不远了。

在普及创新意识方面，日本的经验值得借鉴。无论是学校、企业，还是政府，甚至在民间，大家都在鼓励创新；从小孩到大人，人人都在参与创新。这种风气和习惯一旦形成，创新事业也就自然展开了，创新的春天就来临了。

我国创新人才的匮乏与现有的社会文化氛围密切相关。培养创新型人才是全社会的一项系统工程，苗圃是学校教育，土壤是社会文化。因此，培养创新型人才，必须构建创新文化。

中国科学院研究员郭传杰，用自己在美国留学时的亲身经历深有感触地说："创新就是要敢为天下之先！"一个缺乏创新文化氛围的地区是不可能吸引、留住有创新激情的人才的，也是不可能有创新能力的。自主创新的关键是人才，但如果缺乏良好的环境，人才作用将难以发挥。一些企业并不缺乏好的创意和创新的火花，但就是因为没有良好的创新文化和氛围，这些火花无法迸发，最终只能熄灭。奇瑞之所以能够取得成功，在很大程度上得益于“崇尚创新、宽容失败、支持冒险、鼓励冒尖”的创新文化。所以，要创造一个激励创新的社会环境，培育一个崇尚创新的创新文化，全力支持普通公民的创新精神，为创新活动提供精神动力，为文化立国奠定坚实基础。

我国细胞生物学家贺福初进一步认为：“要催生创新型科技人才，必须拥有相适宜的文化氛围，使创新型科技人才有用武之地而无后顾之忧，有苦练‘内功’的动力而无应付‘内耗’的压力，有专心谋事的成就感而无分心谋人的疲惫。”具体来说，就是要使社会群体的文化心理实现四个转变：由“重物轻人”的思想向“人才为本”的思想转变，由急功近利的思想向尊重客观规律的思想转变，由权威至上的思想向自由争鸣的思想转变，由单独竞争的思想向合作竞争的思想转变。通过这些富有成效的创新文化建设，确保创新苗子在素质教育中成长，在自由争鸣中成长，在竞争协作中成长，在潜心探索中成长。

一句话：为了祖国的经济腾飞，为了民族的伟大复兴，为了人民的幸福生活，让我们携起手来，同一个梦想，同一个目标：“坚持走中国特色的自主创新道路，为建设创新型国家而努力奋斗。”

二 改变生活的种种创新

我们生活在创新的时代，创新不断地提升着我们的生活质量。新的奇迹时常令人惊异，伟大的发明就如同伟大的艺术一样给人以惊喜，甚至令人快乐不已。我们搜集了一系列近期的、日常生活中的创新。这些创新反映了人类的智慧，反映了时代的精神，反映了人类对美好生活的向往。

1 智能房屋

在马德里市郊，有一所并不起眼的小屋。当你走近它、逐步了解它时，它的诸多的智能化功能便一一体现在眼前。特别是它通过一台中央计算机始终同外部保持联络，这也是智能房屋的一大亮点。这就是建筑师路易斯·莫雷诺为自己设计的家①。让我们大致体验一下智能房屋一天的感觉：

8：00 大自然闹钟

住在智能房屋里，清晨的自然光会让你惬意地苏醒。房屋的百叶窗和遮阳罩同房屋自带的气象系统相连接，能够根据自然光线或预先设定的时间自动开启和关闭。

8：30 花园浇水

给花园浇水时，灌溉装置会在预先设定好的时间开启。如果碰上下雨，这套先进的灌溉设备会根据房屋气象系统探测到的湿度和降雨量自动暂停浇水作业，以便节约用水。

9：00 电话遥控开门

主人正要出门时屋外有人敲门。主人可以通过任何一台固定电话或手机就能把门打开；而且，敲门人的图像也能显示在屋内任何一台电视机的屏幕上。

12：00 远程保安

① 〔西班牙〕何塞·玛丽亚·奥尔莫．智能房屋中无忧无虑的一天．世界报，2005-01-17

智能房屋的安保摄像装置及泄漏探测系统会在有人闯入、煤气泄漏等情况发生时，将图像信息通过互联网和手机第一时间实时远程传送给户主。

14：00 无烟烹饪

做饭时，强力的抽油烟机探测到空气中有烟时会自动开启。

15：00 新一代浴室

智能房屋里的温控系统让浴室可以随时提供适宜的洗澡水；而且，水质净化装置能在不使用任何化学产品的情况下保证水的质量。

18：00 电视电脑

孩子做作业只用一台电视机就行了，因为家里任何一台电视机都能作为显示器显示电脑里的内容。如果有电脑和互联网的帮助那就更方便了。

19：00 多功能手机

莫雷诺先生在回家之前先要远程察看一下家里是否正常。他的手机和计算机能直接交换信息。打开院门、点亮院里的灯、给客厅供暖——一封电子邮件或一条短信足以办到。

21：00 跟着人走的灯光

天黑了，智能房屋里所有公共区域的灯都连接有红外线感应器，能随着人的脚步开关，也大大节约了电能。

22：00 家庭影院

在一天结束的时候，按几个按钮就能在家里看上一部令人放松的电影。影片中的动人场景还能储存下来反复播放。

24：00 规划明天

睡觉前要给计算机输入第二天运行的指令。从屋里任何一个终端上都能轻易预设第二天的运行指令，如采暖温度、起床时的灯光亮度等。

2 智能服装

英国科学家研制出了一种神奇的服装。它能自动适应天气变化，自动排热、保暖和除湿。当人体过热时，衣服自动放入空气，降低温度；天气寒冷时，又自动关闭孔隙，防止热量流失。这项发明是英国参加2005年日本世界博览会的8件展品之一。

智能服装的特殊功能要归功于其独特的双层智能面料。这种面料的设计模仿了“松球原理”：松树在繁殖季节，松球自动打开鳞片状的孢子叶，把其中的松子撒到外界。而用最新微观技术制成的面料表层，分布着无数微小的凸起，这些凸起就类似松球上的鳞片，直径大约5微米，由羊毛等吸水性强的材料制成。当人体出汗时，面料上凸起的“鳞片”在水分的作用下打开，让外界空气进入孔隙，使水分蒸发，从而降低温度。水分蒸发后，“鳞片”会自动关闭。

科研人员认为，用这种智能面料制成的大衣、帽子、手套、裤子等将在几年后陆续问世。

2008年2月，中澳科学家研制出自洁纤维面料衣服。

3 “博客圈”

如果Google是网上图书馆，那么Technocrati就是网上“咖啡厅”。人们可以上去查询当前的热门话题，看看有谁在发表见解。当你在搜索框中输入麦当娜的名字时，Technocrati提供的不仅是麦当娜的网址，而且有她的事业和收养工作的最新传闻。旧金山Technocrati公司首席执行官戴夫·西夫里说：“我们与谷歌看待世界的方式不同。我们不是图书馆。我们是世界上最大的聊天俱乐部：有数百万人在上面聊天。”

后来，Technocrati 扩大了它的使用范围，增加了中文、西班牙文等语种。而且，越来越多的博客已经不再局限于文字，还有照片和视频。

Technocrati 还新增加了一项特色服务：让拥有博客的人能了解到还有多少写博客的人与他们相链接，对他们写的东西感兴趣，或发表看法。

4 MP4 掌上影院

MP4 掌上影院将是未来消费类数码明星，被称为是放在口袋里的电影院。它不但可让人们自由自在地观看电影和欣赏音乐，而且还具备许多数码功能，是目前娱乐性最强的数码产品。

该产品 2002 年由法国 ARCHOS 公司首先研制出来。经过两年的发展，MP4 行业初具规模。按预测，国内的 MP4 将在 3 年后形成上百亿的市场规模，它将是继 MP3、数码相机、数码摄像机之后数码消费类产品第四大热点。

5 不留疤痕的伤口闭合材料

通常的外科缝合手术基本上都是“缝针”。缝针的痛苦自不必说，伤口愈合拆线后往往会留下难看的疤痕。

中国昆明贝依玛生物医学材料公司 2004 年生产出一种新型的伤口闭合材料，称为“生物可吸收医用胶”。从外表看，它和普通胶水没有多大区别，但 0.5 毫升的生物可吸收医用胶就可闭合 12 厘米长的伤口。这种胶还具有柔软性好、强度高、降解性好等优点。使用方便，无需后期处理，7 天后外层自动脱落，内层则被人体自动吸收，基本上不留疤痕，非常适合居家或外出备用。

6 无针注射器

对小孩来说，打针是一件很可怕的事，甚至还会晕针。英国科研人员发明了一种无针注射器。它没有针头，操作简单。人们甚至不用到医院去，可以自己注射。

新型无针注射器由两部分组成：一个外形类似于圆珠笔的弹簧管和一个小药盒。注射时，液体药物以超细、高速、直线喷出的方式直接进入机体组织。这项新发明让那些害怕针头的病人松了口气，还能有效避免被污染的针头所感染。

7 世界上功率最大的发光二极管光源

2006 年 12 月 11 日，武汉光电国家实验室微光机电系统研究部和华中科技大学能源学院采用具有中国自主知识产权的技术，成功地封装了 1500 瓦的发光二极管（LED）光源。这是当时世界上功率最大的 LED 光源，这一科研成果具有国际领先水平。

LED 光源是一种可将太阳能转化为光能的新技术，具有节能、环保、长寿命、安全、响应快、体积小、色彩丰富、可控等优点，在全球能源短缺的背景下，是节电降能耗的有效途径。LED 光源正在被用来制作泛光灯、地埋灯、草坪灯、护栏灯、水族灯等，广泛用于各景点装饰和城市亮化工程。

新光源性能稳定，满足照明功能需求。据专家测算，采用高效的 LED 光源替代传统的低效照明产品，可节电 70% 左右。市场潜力巨大。

8 艺术的建筑设计

美国哈佛大学和英国建筑师协会近现代建筑史教授珍克斯说："大自然除了罕见的场合外，它是容不下欧氏几何的。大自然的本来面目是分形。" 分形对于建筑艺术颇有启迪。

在世界著名建筑中，仿生建筑栩栩如生，新潮建筑别具一格，"个性" 建筑各具特色，分形建筑初露峥嵘。比如，巴西库里蒂巴市新近落成了一座旋转大楼，每一层都可以独立地围绕轴心进行水平 360°旋转。在这样的房间居住，你可以依照心情和季节变化，随心所欲地 "自选" 窗外的风景。这种旋转大楼目前在全世界是独一无二的。旋转大楼落成后，已成为库里蒂巴市的旅游景点之一，参观者络绎不绝，登记购买者上千。

据建造大楼的机械工程师霍尔曼说，旋转原理并不复杂，就是建有一个旋转轴，每一楼层都固定在轴上，上面装有巨大的链子及动力装置，由轴来带动楼层转动。由于每一层面并不连接，独立运行，因此，各层可以自由运转，互不影响。

中国中央电视台新址，将视角、魅力与概念融为一体，是北京 "真正的标志性建筑"，被誉为 "世界级工程"。

数字水建筑，新鲜吧！有人看它是瀑布，是水；有人看到的则是一种建筑材料或电脑显示屏，或者两者都是。2008 年在西班牙举办的萨拉戈萨世界博览会上，现场观众看到一个奇特的建筑——数字水建筑，墙面由喷涌而出的水流组成，水流由电脑控制，并形成变幻莫测的字母和图案。它的屋顶可以从数米高的地方迅速降至地面，像海市蜃木楼一般，眨眼间也可从人们的眼前消失，很是魔幻。

9 垃圾的妙用

什么叫垃圾？就是放错了地方的好东西。既然放错了地方，就不妨给它换个地方；谁找准了这个“地方”，谁就能让“垃圾”大有用武之地。正如庄子所说：“人皆知有用之用，而莫知无用之用也。”下面就看几例无用之用。

（1）垃圾游乐园：美国佛罗里达州有一座儿童公园，公园里所有的玩具都是以垃圾为原料制成的。印度的昌迪加尔也有一座垃圾公园，园内到处可见垃圾材料雕塑的塑像。

（2）垃圾电影院：英国的亨得尔影剧院的建筑材料全部都是从垃圾堆里捡回的丢弃物。银幕是用3.8万块废布拼凑而成的，2800个座椅是用4.5万根废钢材和5000公斤水泥浇铸的。服务员的穿戴也是从垃圾堆里捡来经消毒再重新设计剪裁的。最有趣的是，上映的影片全是以垃圾为内容的情节。该影院卖座率很高，收入十分可观。

（3）垃圾发电：日本鹿岛公司将鲜垃圾粉碎成液状，放入发酵容器，容器内的微生物把垃圾分解，变成甲烷，再用催化剂将甲烷变成氢气，送入燃料电池进行发电。1吨鲜垃圾可以发电580千瓦时。

（4）垃圾银行：泰国曼谷市的很多社区都有“垃圾银行”。社区鼓励儿童搜集垃圾，再教他们垃圾分类装袋，然后交给“垃圾银行”。所得报酬储存在“垃圾银行”，每3个月计算一次利息，但不是现金，而是上学必需品。如果“垃圾银行”的“客户”急需缴纳学费，可向该银行贷款，并以垃圾还债。

垃圾是这样，人生也是这样。当初，陈景润被分配去中学教书，尽管他很用心，但还是教不好。校长意识到，分错地方了，立马调回厦门大学，搞数论，结果证明了“哥德巴赫猜想”，震惊了世界！

三 改变世界的创新思想与创新技术

从原始社会的茹毛饮血，到现在的微波炉、智能电饭锅炊具；

从原来的小茅屋，到现在的摩天大楼、智能房屋、国际空间站；

从原来的直面相聚，到现在的网上聊天；

从原来的马拉车，到现在的汽车、海洋巨轮、大型运输机；

从原来的步行，到现在的人造卫星、太空行走；

从原来的手工画像，到现在的数码相机、分形图像；

从原来的现场观看，到现在的电视机、卫星转播；

从原来的结绳记事，到现在的智能计算器、超级计算机；

从原来的手工劳动，到现在的大型收割机、插秧机；

从原来的手工打磨，到现在的数控机床；

从原来的竹板刻字，到现在的复印机、扫描机；

从原来的烽火台报警，到现在的手机短信、网上贺卡、光纤通信；

从原来的弓箭射猎，到现在的火箭、导弹；

从原来的竹筒望远镜，到现在的射天望远镜、预警雷达；

……

一言以蔽之：创新使世界发生了天翻地覆的变化，创新改变了世界。事实上，从能源到生物科技，从软件到汽车，从纳米技术到太阳能电池，各行各业都孕育着改变生活的创新，孕育着改变世界的创新。

1 信息技术与新兴科技的融合

近几十年来，硅谷一直是发明创新的发源地。Yahoo、Google 和 eBay 等硅谷网络公司正在改变着人们的生活方式。

硅谷的未来将会怎样？毫无疑问，硅谷将继续孕育出重要的、富有创新精神的公司。在硅谷区，风险资本、宜人气候以及人才济济的高等学府有幸结合在一起。最重要的是，硅谷在培育一种甘冒风险的文化，决心将伟大的创意转化为公司的赢利。这种精神一直活跃，继续吸引雄心勃勃的企业家们云集这里。在这里，精英们正在将信息技术同生物技术和诸如纳米技术等新兴材料科学结合在一起，建立新兴的混合型公司，着眼未来技术。正如著名的施乐公司帕洛阿尔托研究中心的前任负责人约翰·布朗说："关键是要着眼于学科间的空白地带。"

在新兴企业中，最有发展潜力的是一条腿根植于信息技术领域、另一条腿涉足新技术领域的公司。如佩里比特网络公司、Santa Clara 公司等。

硅谷是一片热衷于改革创新的热土。现在是，将来也是。

2 超级计算机

地球模拟器曾是世界上最快的超级计算机之一，2002 年 4 月启动，计算速度达到 35.6 万亿次/秒。

规模：地球模拟器占有 4 个网球场的面积，使用 5000 多个计算机处理器，用 2800 千米的电缆相连接。它需要处理世界各地数以千计的地面和海洋监测站以及气象卫星发送的信号。来自 6 个国家的

700 名研究人员在为它工作。

成本：约 4.3 亿美元。

位置：日本横滨地球科学研究所。

用途：模拟复杂的物理系统。地球模拟器的主要工作是建立世界上最详细的地球气候模型。它通过不断运行一个巨大的模拟地球天气和气候的数字模型，来计算海洋和大气之间的相互作用。它可预测未来 50 年的气候变化。

2009 年，美国能源部位于田纳西州橡树岭领导计算设施的 Cray XT5 “美洲豹” 运算速度达到每秒 1.75 千万亿次。

2010 年 11 月 17 日，国际超级计算机 TOP500 组织正式发布第 36 届世界超级计算机 500 强排名榜。中国 “天河一号” 超级计算机系统，以峰值速度每秒 4.7 千万亿次、持续速度每秒 2.566 千万亿次浮点运算的优异性能位居世界第一。

3 人类的眼睛——哈勃空间望远镜

1990 年 4 月 25 日，美欧联合研制的哈勃空间望远镜（HST）由 “发现” 号航天飞机送入地球轨道，探索宇宙的奥秘。

哈勃空间望远镜是人类建造的第一架空间光学望远镜，由三大部分组成：光学望远镜组件、科学仪器舱和保障系统。安装世界最先进的宽视场行星照相机、暗弱天体照相机和红外照相机等多种仪器。

1990 年以来，哈勃空间望远镜已经环绕地球运行超过了 81 760 圈，达到了 32 亿千米，做过 553 000 多次拍摄，对超过 25 000 个目标进行了观测，每天向地球发回的数据超过 3000 兆字节，获得了 5 兆兆字节以上的数据，传回了大约 5 万张高清晰度的精美图片，这

哈勃空间望远镜漂浮在地球上空

些图片所展现的许多天体大多的是黑洞、衰亡中的恒星和遥远的星系等陌生的图像……这部在地球大气层外运行的精密仪器已在太空服役 16 年，被誉为“全人类的眼睛”，成为人类观察宇宙奥秘最好的空间平台，为天文研究作出了独一无二的巨大贡献。

用哈勃空间望远镜看见的天王星的新卫星图

用哈勃空间望远镜看见的“草帽”星系

但是，它的主要缺点是重量过大，发射费用特别高。尽管已维修3次，但是主照相仪已经损坏，多个装置已经老化，因此，哈勃的“接班人”应运而生。2007年5月10日美国宇航局展示了下一代太空望远镜——詹姆斯·韦伯太空望远镜的仿真模型，“视力”比哈勃空间望远镜好6倍。韦布太空望远镜将于2013年进入太空，接替“年迈”的哈勃空间望远镜，预期太空运行10年，耗资约45亿美元。

毫无疑问，韦伯太空望远镜将是太空探索领域的首台“下一代望远镜”，将在月球之外“凝视”浩瀚的宇宙，将是人类看宇宙的、更强大的超级“眼睛”。

4 世界最轻固体气凝胶：耐高温防炸弹

2007年8月20日英国《泰晤士报》报道，新发明的气凝胶是一种世界上最轻的固体，可以经受住 1 千克炸药的爆炸威力，让你免受 1300℃以上高温的袭击。从下一代网球球拍到执行火星探险任务的宇航员所穿的超级隔热太空服，正是科学家探索这种物质的新用途。

气凝胶俗称“冷冻烟雾”，是将硅胶中的水提取出来，然后用诸如二氧化碳之类的气体取代水的方法制成。得到的这种物质有很好的隔热能力，还能吸收像原油一样的污染物。美国西北大学化学教授梅科瑞·卡纳茨迪斯说：“气凝胶是一种了不起的材料。它拥有人类已知产品的最小密度，但它用途却很多。气凝胶现在正得到广泛应用，从过滤污水到隔热，甚至在珠宝方面都用到它。”

现在，气凝胶正走进我们的日常生活。运动器材公司已经研制出一系列用气凝胶加固的壁球和网球球拍，据说这种球拍能释放更大的力量。英国诺丁汉 66 岁的鲍勃·斯托克尔拥有了一套用气凝胶隔热的房子，大大改善了房子的保温效果。

2013 年 3 月，浙江大学研发出世界上最轻的固态材料——全碳气凝胶，可放在花瓣上，被誉为是一种有望改变未来的“神奇材料”。

5 载人飞船

2008 年 9 月 25 日 21 时 10 分，中国的“神舟七号”飞上蓝天，返回舱于 9 月 28 日 17 时 37 分安全着陆。飞船遨游太空期间，实现了太空行走，这是全中国人民的骄傲。

实际上，对载人飞船来说，最大的难关是从重返大气层到着陆。宇航飞行过程中的死亡事故曾经发生过 4 起，其中 3 起发生在返回途中。比如，2003 年 2 月 1 日，美国航天飞机“哥伦比亚”号在空中分崩离析，导致7名宇航员全部遇难，造成这一灾难的凶手竟是一块脱落的隔热瓦。“哥伦比亚”号表面覆盖着2万余块隔热瓦，能抵御3000℃高温，以免航天飞机返回大气层时外壳被高温所熔化。2003年1月16日“哥伦比亚”号升空82秒后，一块从燃烧箱上脱落的碎片击中了飞机左翼前部的隔热系统。美国国家航空航天局的高速照相机记录了这一过程。事故的原因主要在于：飞船重返大气层时与空气摩擦，使飞船的表面温度上升到2000℃左右。关键的耐热技术有两大项：一是像美国航天飞机那样，使用陶瓷类的贴面等覆盖船体，以防止高温侵入的技术；二是在通过熔化铺设在船体表面的隔热材料，回避熔解热和气化热的同时返回地面的技术。

热膨胀或收缩是宇宙飞船上令人头痛的问题。因为它们会在金属材料上产生微小的洞，这些小洞会在重返大气层时的冲力下加大，并有可能扩大为致命的裂缝。

据认为，隔热材料一般是高分子类的复合材料。有报道称，由镱、镓、锗组成的混合物不会随着温度的升高而膨胀或收缩，同时又能导电。其原理是：当材料被加热时，电子从镱原子跑到了镓原子中。这样一来，镱原子收缩，抵消了镓原子体积的增大。

6 隐身材料

1989年12月20日午夜，整个巴拿马城市的居民沉醉在甜蜜的梦乡之中。然而，0点30分刚过，幽灵一样的炸弹从从天而降，不歪不偏正好砸在了巴拿马总统诺列加军队的营房顶上。顷刻间，爆炸声震耳欲聋，火光冲天，整个营区硝烟滚滚，血肉横飞。这就是美国入侵巴拿马的一次空袭行动。

为了维持对巴拿马运河的控制权，美国以诺列加总统参与毒品交易为借口[①]，堂而皇之地对巴拿马进行空袭。空袭中最先出动的是被称为“黑飞魔”的F-117A隐身战斗机。

为了维持石油美元霸权，美国又编造“伊拉克拥有大规模杀伤性武器”[②]，再次入侵伊拉克。在伊拉克战争中，F-117A凭借着超常的隐身特性，神不知鬼不觉地深入到巴格达市中心，对伊拉克进行狂轰滥炸，无数平民死于非命。战争使伊拉克人民处于水深火热之中。

巴拿马突袭和伊拉克战争不仅使人们认识了F-117A，而且使人们看到了隐身兵器的威力。制造隐身兵器的隐身材料是各国军方攻关的重点，并已在各型隐身兵器上大量使用。现在，国外最新研制中的隐身材料包括：纳米隐身材料、手性材料、导电高聚物材料、智能型隐身材料等。纳米隐身材料具有极好的吸波特性。美国研制的“超黑粉”纳米吸波材料，对雷达波的吸收率达99%。智能型隐身材料是一种具有感知功能、信息处理功能、自我指令及最佳响应功能的材料。

7 新型混凝土

◆ 透明混凝土

匈牙利建筑师阿龙·洛孔济发明了一种名为LiTraCon的新型混凝土，成分有普通混凝土和玻璃纤维，因此这种新型混凝土可透过光线。这种“透明”混凝土与普通混凝土一样结实，并有一个明显

① 王晋燕．解读美国发动战争背后的正义谎言．http：//news. sina. com. cn/w/2008－08－05/141016065178. shtml［2008-08-05］

② 高铁军．核查人员：未在伊拉克发现大规模杀伤性武器．http：//news. sina. com. cn/w/2003－02－15/0227908641. shtml［2003-02-15］

的优势：由于植入了数以千计的玻璃纤维，所以可透过这种混凝土看见对面物体的轮廓，让室内装饰变得轻盈、明快而通透，仿佛生活在“水晶宫”。

◆ “悄声”混凝土

在距离德国联邦1号高速公路西豪夫讷立交桥约1公里的地方，车辆的噪声明显降低。原因是：这一带的高速公路铺的是开孔型沥青，它在公路表面形成许多微小的空隙，“吞食”了车轮滚动时发出的声响。但时间一长，沉甸甸的载重卡车会使路面的空隙封塞，差不多8年以后公路上的噪声又会加大。因此，联邦交通局科研人员开始寻找新的途径，尝试使用开孔混凝土。项目负责人克里格尔介绍说：“开孔型路面，无论是沥青的，还是混凝土的，其作用和原理都一样。一方面，它们在公路空间起着一种吸声材料的作用；另一方面，在这种路面上，车轮滚动的噪声，尤其是高频率部分的噪声，根本就不会生成，从而达到了避免噪声的目的。”

◆ 弹性混凝土

科学家将纤维加入混凝土中，制成了一种重量轻、抗裂缝、更耐久的可弯曲材料。这种新型材料被称作“工程水泥复合材料”(ECC)[①]。密歇根大学研制出的这种纤维混凝土抗裂性比目前修建人行道的材料高500倍，重量轻40%，耐久性是普通混凝土的两倍。用ECC材料建桥的成本比使用传统材料低37%。

工程学教授维克托·李说，除了没有粗砂砾之外，这种新型混凝土的主要成分与普通混凝土几乎一样。它的外观也与普通混凝土

① 弹性混凝土有了用武之地．参考消息，2005-05-09

相似，但在承受巨大压力时它会弯曲而不是断裂，因为纤维会在其内部移动。纤维有点类似人体内的韧带，能发挥灵活的连接作用。

这种新型混凝土已在日本、韩国、瑞士和澳大利亚得到应用，并将在美国投入使用。

弹性混凝土

资料来源：参考消息

◆ 生态水泥

2001 年 4 月，太平洋水泥公司与几家公司合作研究开发并建成世界上第一家生态水泥制造设施——市原生态水泥制造公司投入运转。公司董事相泽伸彦介绍说：“普通水泥的原料配比为：石灰石 78%，黏土 16%，硅石 4%，其他原料 2%。而在生态水泥中，石灰石 52%，垃圾焚烧灰等废弃物 47%，其他成分仅 1%。废弃物替代了 26% 的石灰石。但其质量与普通水泥基本相同，在土木建筑施工方面有着广泛的用途。”相泽伸彦进一步说，通过开发利用一系列的无害化处理设备，市原生态水泥公司已经实现了污染的零排放。2002 年 7 月，生态水泥作为第一个环保产品纳入工业产品标准“环境 JIS（日本工业标准）”中；2004 年 3 月，它还被选定为绿色产品采购法中的特定采购商品，正在向社会推荐使用生态水泥。

8 新型机器人

从神经计算的观点来看，作为脑的基本组成的神经元，其模型可用一句话来描述，就是“多输入单输出的非线性器件”。神经元是基于精密生物分子结构的复杂的高功能细胞单元，具有非常丰富的动力学特性。所以，神经元的数学模型，可从定性的简单模型到近似实际生物神经元的定量的复杂模型，有许多形式①。根据不同的应用目的，所建模型亦有不同特性。

9 运输分子的“纳米车”

美国科学家首次用有机分子和球形笼状分子制成了“纳米车”，这是世界上最小的汽车。这辆微型汽车由底盘、车轴和转动悬挂装置组成。车轮由巴克球制成，巴克球是由60个碳原子所形成的、直径仅数纳米的球状小分子。然而，看上去虽小，但它能像真车一样运行，是世界上唯一“能用四个轮子朝垂直于轮轴方向滚动的汽车”。研究人员希望它成为“装载”原子和分子的微型卡车。

科学家设想，“纳米车”将用来运输单个的有机分子，生产复杂的新材料或药物。大量“纳米车”还可以组成“纳米生产线”。

10 人造太阳

目前世界上第一个全超导核聚变人造太阳实验装置已在中国安

---

① Eric. ［组图］2009日本国际机器人展可爱型机器人. http：//www.redbots.cn/sciences/2009/12/01/14537.htm［2009-12-01］

徽合肥进入总装[①]。在地球上模拟太阳，利用热核聚变为人类提供源源不断的清洁能源，这个装置因此被称为人造太阳。

实际上，人们认识热核聚变是从氢弹爆炸开始的。氢弹爆炸时释放出极大的能量，给人类带来的是灾难。而科学家们却希望发明一种装置，可以有效地控制“氢弹爆炸”的过程，让能量持续稳定输出，像太阳一样，为人类提供一种无限的、清洁的和安全的能源。中国科学研究院等离子体物理研究所研制的 EAST 装置就是这样的一种实验设备。

2006 年 9 月 28 日，中国新一代热核聚变装置 EAST 首次完成了放电实验。2007 年 1 月 14 日再次放电。参与 EAST 研究合作的美国通用原子能公司盖瑞・杰克逊博士说：“EAST 成为世界上第一个建成并真正运行的全超导非圆截面核聚变实验装置，它将在未来 10 年内保持世界先进水平。”

人造太阳实验研究具有重大战略意义。在过去的 100 年中，人类对能源的研究和使用已从化石燃料的单一化结构，发展到以化石能源为主，核能和水能互补的多元格局。但是，石油、煤炭等化石能源不可再生，核裂变能又会产生一定的核废料，同时受到原料的限制。而核聚变能则被认为是无限、清洁、安全的换代新能源。据专家介绍，自然界最容易实现的聚变反应是氢的同位素——氘和氚的聚变。氘在地球的海水中藏量丰富，多达 40 万亿吨，如果全部用于聚变反应，释放出的能量足够人类使用几百亿年，而且反应产物是无放射性污染的氦。这就是世界各国不遗余力地开发核聚能的原因所在。

---

① 吴维越．人造太阳从东方升起——中国建成世界第一个全超导核聚变实验装置．科学（中文版），2006，(11)

11 三峡大坝

2006年5月20日，举世瞩目的三峡大坝全线建成。三峡大坝，承载着13亿中国人复兴的梦想，用勤劳和智慧，在滚滚的长江上“筑”起了中华民族新的长城①。

“治水患兴水利”是中国人民长期的向往。从孙中山先生到毛泽东主席，一步步绘制着三峡工程的宏伟蓝图。1994年，三峡工程的伟大设想终于付诸实施。历经3080个日日夜夜，三峡工人浇筑了最后一仓混凝土，施工完成了185米设计高度。桀骜不驯的长江被驯服，滚滚江水将随梦想而流淌。

大坝上的一组数字标志着中国已代表世界筑坝技术先进水平：大坝坝轴线全长2309.47米，水电站机组26台70万千瓦的发电机，年发电量847亿千瓦时，泄洪闸最大泄洪能力每秒10.5万立方米……

防洪、发电、通航，三大效益让三峡工程无比“神威”。在长江中下游，至少1500万人口和150万公顷耕地告别“水患”。大坝左右岸电站年总发电量847亿千瓦时，可照亮大半个中国。

三峡工程是当今世界最大的水利枢纽工程。三峡工程的竣工，必将成为助推中国经济腾飞的“引擎”。

12 青藏铁路

2006年7月1日，青藏铁路全线通车。列车犹如巨龙，穿越昆

---

① 艾启平，全安华，王士斌．时评：三峡大坝全线建成中华民族筑起新长城．http：//news.qq.com/a/20060520/001107.htm［2006-05-20］

仑山、唐古拉山、念青唐古拉山，沿长江源、错那湖、羌塘草原奔腾向前。凝聚着几代中华儿女的梦想终于实现。

美国《西雅图时报》报道，中国今天正式揭开了一项世界工程奇迹的面纱。世界上海拔最高、线路最复杂、穿越冻土里程最长的青藏铁路正式通车，将使乘客们可以前往“世界屋脊”，从而将中国乘客带向一个新的高度。

青藏铁路从西宁至拉萨全长 1956 公里，是世界上海拔最高、线路最长、气候条件最恶劣的高原铁路。全线完成路基土石方 7853 万立方米，桥梁 675 座，涵洞 2050 座，隧道 7 座。在这个世界高原最具挑战性的工程上，中国铁路工程人员成功地克服了多年冻土、高寒缺氧和生态脆弱三大难题。

美国火车旅行家保罗·泰鲁在《游历中国》一书中断言：“有昆仑山脉在，铁路就永远到不了拉萨。”然而，仅仅过去 20 多年，中国人就在被誉为地球第三极的青藏高原建成世界上海拔最高、线路最长的一流高原铁路，完成了人类铁路建设史上前所未有的壮举。

英国《卫报》评论说：“人们曾说修建通往西藏的铁路是不可能的。有 5000 米的高山要爬、12 公里的山谷要架桥、数百公里的冻土区无法支撑铁轨和火车；再说，谁又可能在稍动一下就要找氧气瓶的情况下铺铁轨？但这就是中国迎接的挑战。这条铁路正是中国人‘敢为’精神的最佳例证。”

法国《欧洲时报》发表社论认为，青藏铁路向世界展示的不仅是一条旷世铁路，也是当代中国的“路”，一条属于自己的发展之路。中国再次向世界证明：在其他地方不可能的事，在华夏之今天，变得可能。

13 城市“垂直农场”的设想

2007 年，美国哥伦比亚大学微生物学家迪克森·德斯波米尔设想：建一些摩天大楼似的“垂直农场”，每座农场 30 层楼高，一边生产水果、蔬菜和谷物，一边产生清洁能源，净化污水[①]。每个垂直农场能为 5 万人提供饮食，约 150 栋此类建筑物便能使纽约市自给自足。

德斯波米尔于 2001 年提出了这一概念，并与对此感兴趣的荷兰、阿联酋等国的科学家和风险投资家签署了合作协议。

德斯波米尔同投资商讨论建设第一座垂直农场示范园一事。他估计，需要大约 10 年时间，才能将高科技农业实验同最新建筑技术完美结合起来。

垂直农场里，农作物栽培不使用农药，“无赖”转基因品种很难进入“天然”植物，大大减少了对人体的危害，避免了因天气造成农作物歉收。绿色建筑，“天然”种植，美化环境，自给自足，这无疑将展现一种人们向往的新概念城市。

14 撒哈拉沙漠将变成世界级太阳能发电城

据新浪科技 2011 年 6 月 4 日报道，阿尔及利亚和日本大学将联合进行撒哈拉沙漠太阳能项目，设想把世界上最大的沙漠转变成太阳能发电站的聚集地，希望到 2050 年，这里发的电能够满足半个世

---

① Lisa Chamberlain. 让垂直农场养活人类在摩天大楼里种地. 华生编译. http://news.sina.com.cn/w/2007-08-01/140713572518.shtml [2007-08-01]

界的需要。

项目的初期，首先是在撒哈拉沙漠建一座硅生产厂，把沙子里的硅石加工成高纯度的硅，用来生产太阳能电池板。然后再用这些太阳能电池板建太阳能发电站，发电站发的电可建设更多硅生产厂，从而制造更多的太阳能电池板，最终发更多的电。

据设想，太阳能发电站生产的能量将通过高温超导体以直流电的形式发送出去，再用一个大型超冷高压直流电网至少能把一千亿瓦电流输送到500公里以外的地方。

沙哈拉沙漠太阳能项目将作为全球问题国际研究计划的一部分。不过，要进行撒哈拉沙漠太阳能项目，必须做大量的工作，克服很多困难，其中包括对付频繁发生的沙尘暴、利用液氮冷却电缆并把它们掩埋在沙子下面，尽量保持温度不变。

15 哈利·波特魔法

英国作家罗琳的小说《哈利·波特5：哈利·波特与凤凰社》在世界各地火爆上演。人们不但关注哈利与伏地魔的激烈较量，而且惊叹电影中丧失记忆、遁物于无形、反重力等神话般的冒险经历。那么，人类真的能拥有这些“魔力”吗？

事实上，科学家已经得出结论：科学和魔法之间没有不可逾越的鸿沟。随着人类科技的进步，很多科幻中的“魔法”已经或正在变成现实。比如，《西游记》中的许多神话已经变成了现实。

在《哈利·波特》系列小说中，有这样的情节：当哈利·波特和小伙伴们口中念念有词，念出一道遗忘咒时，对方的记忆全没了！哈迷们一定在想：我自己如果拥有波特的魔法该多好啊，有了烦心事，咒语一念，烦心的记忆没了！这样的生活该多么快乐！现在就可以告诉你："失忆药"已经诞生！美国纽约州立大学的一项研究显示，通过抑制某个分子，就可以消除大脑中的记忆。

哈利·波特的隐形衣不知让多少哈迷想入非非：将它往身上一披，谁都看不见你，这将是多么刺激的一件事啊！现在就可以告诉你：隐形衣已经梦想成真！英国伦敦帝国学院的约翰·彭德利爵士和美国的同事进行的研究显示：在衣服上安装一个特殊装置，就可以让光波像河水从一块光滑的岩石周围安静地流过一样在衣服上流动，从而实现隐形。2012 年 12 月，加拿大 Hyper Stealth 公司研发出一种"量子隐形"材料，可让士兵穿上"隐形军服"。

令哈迷们着迷的还有：如果拥有哈利·波特骑上就飞的扫帚，脱离引力的束缚，想飞到哪就能飞到哪，那简直太刺激了！太疯狂了！事实上，俄罗斯科学家叶夫根尼·波德克列特诺夫在 1992 年就已经发现了"引力屏蔽"效应。这一发现如同爆炸了一颗原子弹！引力被屏蔽了，引力被搞掉了，我们将能随意遨游太空了！我们将等着这一天！

2 神奇的非线性

新兴技术的迅猛发展和社会财富的快速创造理所当然地归功于创新。创新来自非线性思维。非线性思维的基础就是非线性科学思想。非线性科学思想是创新思维之源。非线性科学思想就是用发展的眼光看问题，从不同的尺度审视问题，从变化的角度认识主要矛盾，用科学发展观统领思维的全过程。在解决实际问题时实事求是、科学分析、多维思考、积极策划、整体把握、细节做细。

一　从线性世界到非线性世界①

1687年，牛顿《自然哲学的数学原理》一书的出版，标志着近代科学的诞生。300年来，牛顿力学以其严格的方法、严密的数学工具、精确的计算结果征服了科学界，被誉为近代科学的典范。无论在自然科学领域，还是在工程技术领域，甚至在社会生活中，牛顿力学体系都取得了巨大成就。上至星移斗转，下至车船行驶；大至日月星辰，小至原子微粒，都展示了牛顿力学广泛的应用和迷人的魅力。根据牛顿力学，人们发现了海王星、冥王星，预测了彗星的出现和其他天体的运动，设计了各种火箭并把航天器送到了宇宙

① 魏诺．非线性科学基础与应用．北京：科学出版社．2004. 29～70

空间……大大推动了社会生产力的发展。可以说，300 多年来牛顿力学取得了辉煌的成就。

1 会预测未来的线性世界

◆ 线性科学的科学基础

正如人的认识过程是从认识简单事物开始一样，近代科学的产生和发展也是从研究线性系统这种简单对象开始的。以牛顿经典力学为代表的近代科学，确立了世界简单性的信念和线性科学的神圣地位。

从物理角度讲，线性科学就是对研究的问题进行简单化处理。具体来讲，就是忽略非线性因素，建立线性模型。例如，牛顿力学就是为了解决宏观物体的平动问题，忽略了物体的大小和形状，考虑了物体的质量，创建了质点（系）模型。线性科学研究的对象主要是线性的、平衡态的、规则的、确定的、可逆的、可用逻辑分析的对象。物理学家首先考察没有大小的质点、没有摩擦的理想摆、没有黏滞的理想流体，这些都是线性模型①。线性模型是大量实际系统的良好近似。

从几何角度看，自变量和因变量就是直线关系。例如，牛顿第二定律 $f=ma$ 就是典型的线性方程。其中，a 与 f 是直线关系。

从代数角度讲，如果自变量和因变量成正比，那么我们就说它们是线性关系。例如，1 盒冰淇淋 2 元，如果我有 4 元，我就可以买 2 盒冰淇淋；10 元就可以买 5 盒冰淇淋；依此类推。写成比例关系，

---

① 〔英〕扎奥丁·萨德尔，艾沃纳·艾布拉姆斯. 视读混沌学. 孙文龙译. 合肥：安徽文艺出版社，2007. 10～14

就是$y=2x$。其中，x表示冰淇淋的盒数，y表示对应的钱数，2表示每盒冰淇淋的钱数，这就是一个线性方程。所以，线性科学就是对研究的问题建立线性方程，然后解方程，得出解析解，进而观测线性系统的变化规律①。

所以，线性科学就是研究线性的数学系统或自然现象的学科。线性科学认为，世界在本质上是线性的，线性事件是客观世界的正常现象，而非线性事件则被视为是例外情况。

◆ 线性科学的哲学基础

从哲学角度讲，线性关系具有简单的、直接的因果关系。例如，牛顿第二定律$f=ma$表明，力是产生加速度的原因，加速度是力作用的结果，因果关系一目了然。

究其原因，在于线性科学的哲学基础：抓住主要矛盾，忽略次要因素，即考虑线性因素，忽略非线性因素。主要矛盾解决了，其他问题就迎刃而解了。正如列宁所说："政治事态总是非常错综复杂的。它好比一条链子，你要抓住整条链子，就必须抓住主要环节。"解决科技问题亦不例外。例如，力学中的质点（系）模型、电学中的点电荷（系）模型、热力学和统计物理学中的理想气体模型和实际气体模型（如范德瓦尔斯模型）、数学中的线性函数、电路中的线性电路，管理中的线性规划、建筑设计中的线性建筑等，都隐含着线性科学的哲学思想。

◆ 线性科学方法

线性科学在处理问题的时候往往把一个复杂系统分解为几个最

① ［英］扎奥丁·萨德尔，艾沃纳·艾布拉姆斯．视读混沌学．孙文龙译．合肥：安徽文艺出版社，2007. 10 ~ 14

简单化的状态，然后分门别类地去解决。比如线性科学的叠加原理、力学中的合外力、运动的叠加、振动的叠加、波的叠加等，都是线性科学方法的具体应用。

那么，如何使复杂问题简单化呢？对线性科学而言，就是在忽略非线性因素的前提下建立系统的线性模型。倘若不能在建模过程中把非线性因素排除掉，那就把它看作是对线性行为的微小扰动或者是从线性基础上的涨落来认识非线性效应。在万不得已的情况下，才对某些非线性问题作特殊的线性化处理，用线性模型局部地代替非线性模型。

对于线性动力学问题常用解析方法。不论是基础课，还是专业课，解析方法最为常用。

这些就是线性科学方法。这种思想方法被法国天文学家拉普拉斯发展到了顶峰。他曾夸下海口：只要人们找到一个无所不包的宇宙方程，而且也知道宇宙的一切初始条件和边界条件，那么，宇宙“无论过去或未来，一切都会昭然若揭”，人们称之为“拉普拉斯决定论”。

事实上，线性科学在理论和实践上都取得了极其光辉的成果，许多令人瞩目的重大理论和技术创造都是线性科学的贡献。

有了线性科学方法这个法宝，就可以以不变应万变。

2 与众不同的非线性世界

◆ 非线性科学的科学基础

20 世纪中期以来，情况发生了变化。40 年代，以一般系统论、信息论、控制论为代表的“老三论”应运而生；60 年代，以耗散结构、协同学、突变理论为主线的“新三论”先后诞生，和超循环理论、广义综合进化理论一起，共同形成了自组织理论；70 年代，以混沌理论、分形几何学和孤立子理论为主体的非线性科学的相继问世，标志着科学的发展进入了一个新的时代。从此，科学从简单性转向复杂性，从线性转向非线性。

非线性科学就是以非线性系统为研究对象的学科。通俗地讲，非线性科学就是复杂性科学。从数学角度来讲，非线性科学就是研究那些非线性的数学系统和自然现象的学科。从动力学角度来讲，如果一个确定性系统中出现了随机现象，那么我们就说，这个系统是一个非线性系统。概括地讲，非线性科学主要研究各门学科中有关非线性的共性问题。

非线性首先是一个数学概念，非线性是相对线性而言的，如果自变量和因变量不具有成正比的关系，那么我们就说它们是非线性关系[①]。

实际上，线性关系是非线性关系的理论近似或简化情况。例如，非线性函数 $f(x)=a_0+a_1x+a_2x^2+a_3x^3$，在 $a_2=a_3=0$ 时就变为线性函数。

就拿日常生活中的例子来说吧。如果买 1 盒冰淇淋 2 元，3 盒 5 元，7 盒 10 元，等等，这就不是一个比例关系，而是一个非线性序列，说明金钱的作用是非线性的。超市里的优惠、打折就是非线性行为，如买 3 送 1，买 10 送 4，就是非线性行为。再比如，你在街上溜达的时候，每迈出 1 步，也许就是 1 米；10 步之后，你就走出了 10 米。所以，走路也是线性行为。如果你穿了一双魔鞋，每 1 步距离都是前面 1 步的 2 倍。第 1 步，1 米；第 2 步，2 米；第 3 步，4

---

① 〔英〕扎奥丁·萨德尔，艾沃纳·艾布拉姆斯．视读混沌学．孙文龙译．合肥：安徽文艺出版社，2007. 18

米。依此类推，第 11 步的距离将会超过 1000 米。穿上这双魔鞋走路就是非线性行为。

想一想，自然界的非线性现象比比皆是，唾手可得。非线性现象才是自然界的普遍现象，非线性特征才是现实世界的基本特征。线性系统只不过是一部分简单非线性系统在一定条件下的近似或简化。非线性科学观是一种切近生活的自然观，是一种现实的自然观，它给我们描绘出一个全新的、富有想象的、绚丽多彩的世界蓝图。

近年来，非线性问题已成为自然科学、工程技术及社会科学研究的一个热点。非线性科学在力学、建筑、土木、环工、机械、物理学、数学、化学、地学、生物学等领域发挥了巨大作用，对人类社会、生态环境、医学诊断、国际关系、经济发展、信息与决策等都有决定性影响。一句话：非线性科学发展的方向就是世界科技未来的方向。

◆ 非线性科学的哲学基础

当系统从简单变化到复杂，从线性变化到非线性，因变量和自变量就不再是简单的比例关系，各个因素之间的相互关系复杂化。这说明它们之间的相互关系不再是简单的、直接的因果关系，而是相互影响、相互制约、相互依存的复杂的因果关系，这就是非线性的实质。线性关系具有单一性，非线性关系具有多样性，正所谓君子合而不同。

非线性问题虽然复杂，但可利用它“个性很强”的特点，利用矛盾的特殊性，具体问题具体分析，灵活机智地应对处理。要从变化中认识非线性问题，从变化中认识主要矛盾，在变化中随机应变，适者生存。不要总是抱着传统的、惯性的、根深蒂固的、老一套的、线性的思维方式依依不舍。这是认识非线性科学的第一步，是入门的一步，也是关键的一步。

◆ 非线性科学方法

一般来说，实际的非线性问题“个性很强”，所以经常需要具体问题具体分析，灵活解决。比如，对弱非线性系统，其非线性项为小量，因此将非线性因素作为对线性系统的一种摄动，从而发展出近似解析方法；对于强非线性系统，常用数值计算方法。对非线性动力学问题常用几何方法，称为动力学几何化，即相图法。还有一些其他方法，如分数维几何方法、散射反演方法等。

我们想象一下，在一个封闭房间里的任意三个位置A、B、C上，分别放置一个糖盘子、一个肉盘子、一个水果盘子，一只苍蝇在房间里飞来飞去。如果苍蝇停在A点（或B、C点）上吃，这个状态就是定常状态；如果A、B、C的旁边都有人，苍蝇不敢停下来，只好在A、B、C三个盘子的附近来回打转，闻闻而已，这就形成了周期轨道；如果房间里的人很多，都注意到了苍蝇，苍蝇只好在房间里乱窜，那么就会形成混沌轨道，这显然是一个非线性科学问题。

再看看股市吧。股市系统是典型的非线性系统，具有非线性系统的一般性质：高维性、高度开放性、远离平衡和智能化，这些性质通过相互作用导致了整个股市系统的强非线性。

股票市场始终服从一个规则：零和游戏规则，即赢家的钱来自输家的钱，赢家在数量上要远远少于输家。如果从投资人全体的角度上来考证，据不完全统计，80%的投资人亏损，10%~15%的投资人可持平，真正能够稳定获利的投资人只占5%~10%。作为投资人，应该高度正视二级市场存在的这一残酷事实，因为它直接关系到投资人的利益得失。在这一市场上，投资者最强劲的对手不是别人，而是自我。这是这个市场的魅力所在，也是这个市场的困惑所在。

股价波动有时有规律，有时没有规律，股价波动存在随机性与非随机性双重特征。正是因为股价波动中隐含的随机性才使得股票市场的诱惑力经久不衰。

股票市场似乎还存在一个原则：大多数投资人的投资行为在大部分时间是错的。股价波动存在随机性特征是市场上大多数人出错的主要原因。由于股价波动存在随机性特征，因此，二级市场上的“连赢事件不具有必然性”，它只能是“小概率事件”。“小概率”决定了市场的最终赢家只能是少数人。

如何成为赚钱的少数人？策略是“与众不同”。我们是常人，要做到与常人不同，就要克服常人的特点，采取“与众不同”的策略，此时的博弈可以称为“少数者博弈”。

以上例子都是典型的非线性科学问题，都要用非线性科学方法来解决。

现在，非线性科学的基本概念、精神思想、研究方法已经渗透到了几乎所有科学领域。因此，只有300年前以牛顿力学为标志的近代科学的诞生才能与以混沌为核心的非线性科学革命相比。前者标志着科学的诞生，后者标志着科学的成熟。它是人类第一次把从宇观的宇宙、微观的基本粒子到宏观的人及人类社会统一置于真正的科学认识方法之下。在研究对象上，科学第一次实现完整化。正如科学家们所说，线性科学代表了科学发展的幼年，非线性科学代表了科学发展的未来。

二　非线性的奥妙①

数学风流，
迭代深情。
海岸弯弯几何？
曼氏分形秀。
拉塞邂逅孤子，
跃马扬鞭追！
沿着分岔混沌路，
老费步步生莲花。

1 混沌吸引子

◆ 混沌概念

屈原在《天问》中感叹，浩茫的宇宙，混混沌沌，高深莫测：

这浩茫的宇宙有没有一个开头？
那时混混沌沌，天地未分，可凭什么来研究？
穹隆的天盖高达九层，多么雄伟壮丽！
太阳和月亮高悬不坠，何以能照耀千秋？
大地为什么倾陷东南？
共工为什么怒触不周？
江河滚滚东去，

① 魏诺．非线性科学基础与应用．北京：科学出版社．2004. 90～239

大海却老喝不够？
哪里能冬暖夏凉？
何处长灵芝长寿？
是非颠倒，龙蛇混杂，谁主张君权神授？
啊！我日夜追求真理的阳光，
渔夫却笑我何不随波逐流！

古典小说《西游记》，立足混沌，面向未来；富于幻想，充满创新；开门见山，瞧望宇宙：混沌未分天地乱，茫茫渺渺无人见。自从盘古破鸿蒙，开辟从兹清浊辨。

现代混沌，科技前沿的一颗明星，照亮了科学的未来。它告诉我们，世界是混沌的，是确定性的随机性，是貌似无序的有序性。天空中追逐的鸟群，看起来黑压压一片，混乱无度。鸟儿却感觉良好，热闹有序。“喳喳喳，你看我们飞得多么秩序井然！”

混沌的思想体现在别具一格的特性上：系统对初始条件的敏感性、内在随机性、非相加性、非周期性、貌似无序的有序性、长期行为的不可预测性、奇异吸引子等。

◆ 系统对初始条件的敏感性

经典力学认为，初始条件的微小变化对未来状态所造成的影响是很微小的。然而，混沌理论认为，初始条件的微小的变化经过不断放大，对其未来状态会造成极其巨大的影响。有一个小魔鬼的故事①很能说明系统对初始条件的敏感性。

话说一个小魔鬼，也许她没有别的事可做了，于是决定某一天

① 〔英〕扎奥丁·萨德尔，艾沃纳·艾布拉姆斯．视读混沌学．孙文龙译．合肥：安徽文艺出版社，2007. 25

去干扰你的生活。她改变了空气中某个电子的运动，但是你并没有注意到这一点。一分钟后，空气气流的结构发生了变化，你仍然没有觉察到什么东西出了什么问题。但是，几个星期后，变化所占的比例更大了，当你和一个重要人士一起野餐时，冰雹从天而降。

现在你已经注意到小魔鬼做了些什么。实际上，她想让你在飞机失事中丧生，但有人阻止了她。

1979年12月，美国气象学家洛伦茨在华盛顿的美国科学促进会的一次讲演中把系统对初始条件的敏感性描述得惟妙惟肖。他说：一只蝴蝶在巴西扇动翅膀，有可能会在美国得克萨斯引起一场龙卷风。从此以后，"蝴蝶效应"之说名声远扬，如下图所示。

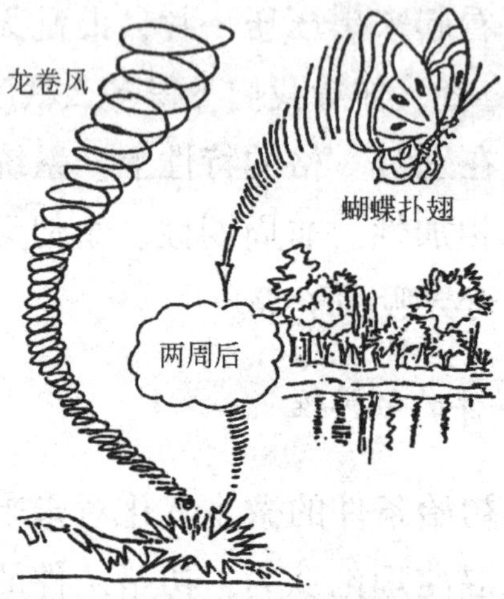

蝴蝶效应示意图

实际上，当你在做某件事情的时候，如果方法上的细微差别对随后所发生的一切产生了很大的影响，那么"蝴蝶效应"就发生了。比如足球比赛，射门动作上的一个小小差别，结果将大不一样。

◆ 内在随机性

内在随机性是指在确定性系统中存在着随机行为，这种随机性不是外界的影响，而是系统内部固有的性质。比如三体系统的运动就存在着随机行为，如下图（a）所示。A、B、C 是光滑水平桌面上三个完全相同的台球，B、C 两球并在一起，作为静止的靶子，A 球沿它们中心连线的垂直平分线朝它们撞去。设碰撞是完全弹性的，碰撞后三个球各自是怎么样运动的？假设因 A 球瞄得不够准而与 B、C 球的碰撞有先后之分，则就会出现如下图（b，c）所示的截然不同的结果。假设 A 与 B、C 球的碰撞是同时发生的，结果又如何呢？结果不确定。对这样一个简单的问题，完全确定论的牛顿定律竟然给不出一个确定的答案。此乃内在随机性也。

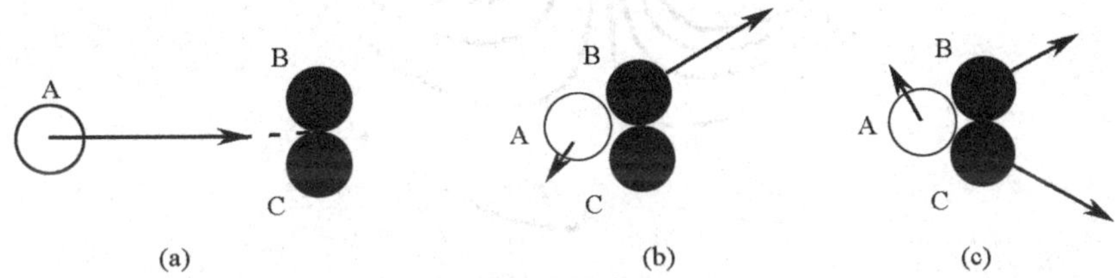

台球问题中的不确定性

◆ 奇异吸引子

事物被有规则的行为模式强烈地吸引过去，这种行为模式就称为吸引子。周末去看足球比赛就是很多球迷的吸引子，去听周末音乐会就是很多歌星粉丝的吸引子。

1963 年，洛伦茨在用计算机模拟天气时意外发现了一个非常奇怪的现象：在天气系统中有些地方非常有魅力，就像一个“吸引中心”，把所有的轨道都吸引到它的周围。但奇怪的是，两个本来靠得非常近的点随着时间的推移会指数发散开来，两个本来相距很远的点反倒可能无限地靠近。它们可以在“吸引中心”周围自由地游荡，却又不能逃离，所以我们称之为奇异吸引子，也称之为洛伦茨吸引子。

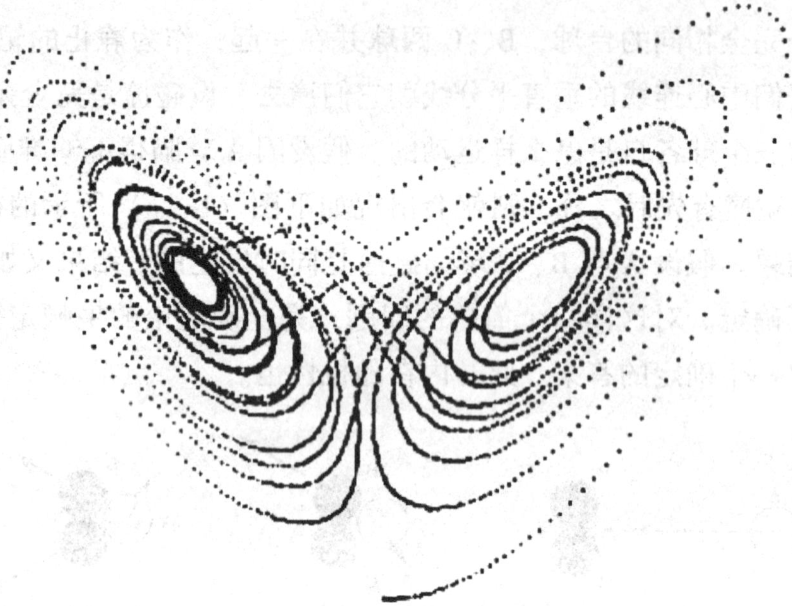

洛伦茨吸引子

◆ 非相加性

大家都熟悉三个和尚的故事：一个和尚挑水吃，二个和尚抬水吃，三个和尚没水吃。为什么三个和尚没水吃呢？依照线性系统的可加性原理，此时应不愁水。然而，三个和尚在此时已不再服从线性可加性，他们之间存在内部矛盾，三个人的力量不一定是加强，也可能是互相抵消，这就是非线性系统的非相加性，即整体不等于部分之和。

2 美妙的分形

大自然的景象是绚丽多彩的：变幻无常的云朵，眼花缭乱的繁星，漫天飞舞的雪花，弯弯曲曲的江河，起伏不平的群山，郁郁葱葱的森林……尽管这些物体千差万别，但却有着共同的特点，就是自相似性、不规则性。

◆ 自相似性

分形就是部分与整体以某种方式相似的形体。去菜市场买一个新鲜的菜花，掰下一枝，分开，仔细观察，思考其组织结构，这就是分形。树木、人（从形体上看，人和人在统计意义上是相似的，大同小异嘛）都是分形体。一个树干分为二枝，每枝又分为二枝……，显然，树的局部与整体的形状相似。“自相似性”是分形几何最奇妙的特性。

实际上，分形的自相似思想可以追溯到遥远的古代。《周易》中记载：“无极而太极，太极生两仪，两仪生四象，四象变八卦。”古代哲学中记载：“一沙一世界，一花一天国；袖里有乾坤，壶中有日月。”这些都是分形思想的经典写照。

◆ 不规则性

在欧几里得空间中，为了确定任意点的位置，所需独立坐标的数目称为该空间的维数。无论空间维数高低，其维数都是整数。对于规则而又光滑的图形或自然界的客体，用整数维数定量描述其特征是可行的。但是，对于分形这类不规则和不光滑的图形，用分数维数来定量描述其特征更为恰当。因此，曼德尔布罗特引入了分数维数概念，建立了分形几何学。

如今，分形几何作为一个新概念和新方法，正日益渗透到各个领域：从振动力学到流体力学、天体力学和计算机图形学，从分子生物学到生理学，从材料科学到地球科学、地理科学，从经济学到语言学、社会学等，无不闪现分形的身影。根据英国儿歌改编的一首小诗就可以说明分形之普遍：

一个分形的人，
穿过分形的森林，
走过分形的一英里，
捡到了一枚分形的六便士，
买了一只分形的猫，
抓了一只分形的老鼠。
分形的人，
分形的猫，
分形的老鼠，
都挤在分形的小屋里，
……

◆ 尺度变换的思想

分形几何从某个角度讲是尺度变换问题。下面这几个字（尺度变换演示图），你站得远，看不清；站得近，也看不清；只有站在合适的位置，才能辨认清楚。这就是尺度变换问题。就像我们平时看问题一样，同一件事情，不同的人看法不同，很可能是各人站的高度或角度不同。有时候，我们不妨换一个角度，站在别人的角度，或站在不同的高度，可能会出现新视野、新境界。

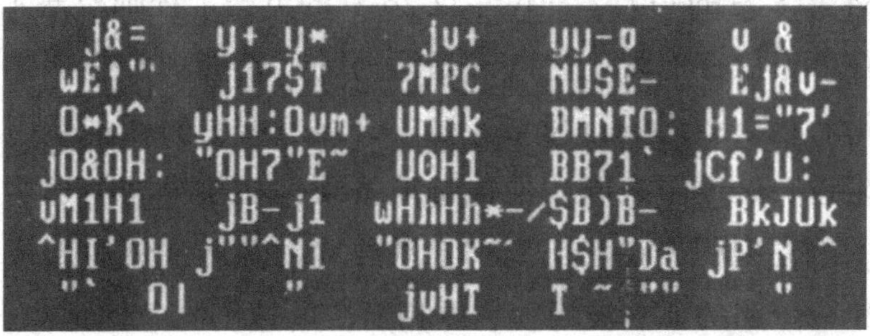

尺度变换演示图

资料来源：参考消息

3 孤立子寂寞吗？

有一种浪
个性超强
总是天马行空，独往独来
跟其他浪约会时屈伸变形
过后随即复原
似乎什么事也没有发生过
渔民们把这种浪子叫孤立子
这种浪淡定、柔韧、坚定、超然
无论遇到什么艰难险阻
都能与伙伴携手共进，共渡难关
风险过后
傲然离去
依旧我行我素
滚滚向前

1834 年 8 月的一天，一位年仅 26 岁的英国工程师拉塞尔，为了调查通往苏格兰首府爱丁堡的一条运河的运营能力和沿岸情况，正骑着马沿着这条运河进行考察。途中，当一艘由两匹马牵引的运输船在他附近突然停下来时，他惊奇地发现：在狭窄的河道中，被船体带动的水立刻积聚在船头周围，激烈地动荡着，然后形成一个平滑的、轮廓分明的孤立波峰。它以相当快的速度，急速地离开船头，向前滚动着。这个孤立的波峰长约 9 米，高 0.5 米左右。在行进过程中，它的速度和形状并没有明显的改变。他意识到，他所见到的并不是通常的水波。于是，他骑在马上，沿着运河紧紧地跟踪着这个滚滚向前的奇妙的水波。一直跟踪到将近 3 千米之后，水波才逐渐消失在逶迤的河道中。

这种奇妙的发现使他百思不得其解：一个水堆，在没有任何依托的情况下，一般不可能在运动中保持形状不变。什么力量有这么神奇的效果？使水堆在没有依托的情况下竟然能运动那么远的距离而基本保持不变？研究发现，原来是非线性在起作用。一方面，一个运动的水堆会散开而消失，这种散开在物理上叫色散；另一方面，还有一种非线性作用：水堆的幅度越高，这高的部分运动速度越快，结果会产生所谓头重脚轻（“头”在前而“脚”在后）的现象。非线性效应和弥散力巧妙平衡时，就会形成孤立波。

想一想，疯狂的龙卷风不也是这样平衡的吗？

我们还发现，两个孤立波在碰撞后居然都能保持各自的波形与行进速度不变。这一性质使人们联想起粒子和波粒二象性等熟悉的现象，只有粒子的碰撞才会有类似的情形出现。因此就将这种波定名为孤立子，以反映非线性波的粒子性。

孤立子是自然界中普遍存在的现象，它的应用十分广泛。从天文学到“基本”粒子，从浅水波传播、流体力学到晶格理论、非线性光学等离子体物理、固体物理、凝聚态物理、超导物理、弹性力学、统计力学、工程学、材料科学、气象学、海洋学、高分子理论、分子生物学、经络等，尤其是光纤孤立子通信的应用最为得意。孤立子理论也启发我们更好地理解某些社会经济现象，如社会财富、社会权利等的稳定集中，某些社会意识等的长时间稳定传播。

孤立子寂寞吗？当然不寂寞。它的生活很惬意。

三 哲学的力量

什么是哲学思想？它有何用处？在欧洲，有一种迷宫，是用树篱围成的，非常复杂，你进去了就走不出来。我们每个人的人生，其实就是走迷宫，充满了迷惘和彷徨，并不知道出路在何方。哲学就是：在迷宫里找不到出路时，夜幕降临了，星星出来了，从迷宫里抬头往上看，就可以看到满天的星斗。哲学就是对星座的认识。认识了星座，你就不为眼前的障碍所迷惑，就有可能走出迷宫。所以，哲学使我们能借着星光探索着走出迷宫。[①] 哲学真奇妙："众里寻她千百度，蓦然回首，那人却在灯火阑珊处。"

人类的认识同样也经历着走出迷宫的过程。人类（包含个人）在其幼年时期，处于混沌未开的朦胧状态；当人类逐渐走向成熟，认识也进入有序状态；当人们对事物的本质和运动过程有了清晰的认识，洞察人生、社会的真谛时，往往又表现出一种"大智若愚"、"大勇若怯"的"难得糊涂"的状态。所谓"难得糊涂"，并不是两眼一抹黑，而是明明白白地糊涂，这正是"吕端大事不糊涂"，是一种更加睿智、大彻大悟的状态，这就是现代的混沌状态。对此理

① 龙应台. 人为什么需要人文素质. 读者，2005，(16)：52～54

解颇有启发的是一个小和尚的故事：

话说有一个老和尚带着小和尚外出，遇到一个姑娘过不了河。小和尚很想帮她，但又碍于清规戒律不敢造次，而老和尚上前背那姑娘过了河。小和尚很诧异，一直想问老和尚为什么不顾戒律却又不敢，一直走了20多里路，他终于忍不住问老和尚。老和尚笑着说："我早已将她放下，你却背着她走了20多里路。"

在人生的道路上，虽说每个人都想活得轻松，可是常常在不经意间，自己给自己就扛上了包袱，自己给自己套上很多枷锁，而且走了很久还浑然不知。难怪人常说，"聪明难，糊涂更难"。

老子说："天下之至柔，驰骋天下之至坚。""天下莫柔弱于水。而攻坚强者，莫之能胜。以其无以易之。弱之胜强。柔之胜刚。天下莫不知莫能行。"在改革开放的新时期，中国人民面对各种挑战与威胁，灵活机智地运用了以柔克刚、以静制动的道家智慧！

你见过打太极拳吗？无论是陈氏拳还是杨氏拳，无论是"四十八式"还是"七十二式"，有弓有曲，势断意连，刚柔相济，天人合一。

世界上的许多道理都是相通的。非线性科学也一样。混沌的复杂性源于系统中的多样性的对立统一，具体表现为简单与复杂的合一，有序与无序的合一，线性与非线性的合一，整体与部分的合一。非线性科学将世界的多样性有机地统一了起来。多样性共存一体，互相包容，和谐相处，相互依赖，共同发展。正如太极图中"阴中有阳，阳中有阴，阴阳互根，道在其中"。

"道生一，一生二，二生三，三生万物。"非线性科学思想与道家的主张不谋而合。按照非线性思想，不同的地域形成不同的文化，不同的文化塑造了不同的大脑，不同的大脑形成了不同的人群，也

八卦图

就是说，一方水土养一方人。因此，世界是多元化的，世界是丰富多彩的，多样性共存是世界生存与发展的基本规则，多元竞争与协同是自然界的辩证法，多尺度思维是人类智慧的结晶。

四 非线性思想应用点滴

非线性科学思想为我们提供了认识复杂多变世界的一种新的思维模式。非线性科学思想已经渗透到我们生活的方方面面。下面略举几例，看看非线性科学思想的神奇魅力。

1 与脚一起“长”的新型儿童鞋

美国一家运动服制造公司设计出一款随儿童的脚一起长大的运动鞋。该鞋设计新颖，鞋底可以在脚趾和鞋跟之间伸缩。顾客可以根据需要改变鞋子的大小：只要按下鞋底的银色按钮，就可以加长鞋子，使之随时适合脚的大小。这样，家长就不必再因孩子的脚长得太快而花钱买很多双鞋子了。

2 混合“涂料”比灯泡明亮

美国范德比尔特大学发现了一种混合“涂料”，涂在发光二极管灯上，原本发蓝光的灯就会发出白光。科学家预测，这一新发现很可能革命性地将照明物的概念拓展到灯泡之外：只要涂上这种“涂料”，任何一种物体都能发挥灯泡的作用。

迈克尔·鲍尔斯是范德比尔特大学的一名研究生。在一次实验中，鲍尔斯本想制造出一种体积非常微小的量子点。但是，当鲍尔斯用激光照射他的量子点时，意想不到的事情发生了：当一束白色的光线笼罩桌子时，这些量子点本该发蓝光，但是它们却发出了美丽的白光。这就意味着：爱迪生发明的电灯泡的照明时代即将结束。

“涂料”比灯泡更亮，更耐用，更节能。

3 你已认错，再奖你一块

当年，陶行知先生任育才学校校长。一天，他看见一名男生用砖头砸同学，遂将其制止，并责令他到校长室等候。

陶先生回到办公室，见男生已在等候，便掏出一块糖递给他：“这是奖励你的，因为你比我按时到了。”接着，又掏出第二块糖给他：“这也是奖励你的。我不让你打同学，你立即住手了，说明你很尊重我。”男生将信将疑地接过糖果。陶先生又说：“据了解，你打同学是因为他欺负女生，说明你有正义感。”陶先生遂掏出第三块糖给他。这时，男生哭了：“校长，我错了，同学再不对，我也不能采取这种方式。”陶先生又拿出第四块糖说：“你已认错，再奖你一块。我们的谈话也该结束了。”

4 收费的艺术

一位商人投资建立了一座大型的游乐城。收费标准很奇怪：坐电缆车一项收费100元，通游全部项目仅收88元。

这则奇特的广告立刻引起了全城人的议论。人们在嘲笑商人“愚蠢”的同时，纷纷涌向游乐城。毕竟，花88元就能玩遍游乐城是一件很“优惠”的事情。但是，当他们从游乐城出来时，就不得不佩服商人的精明与智慧了。

如果游客只坐缆车，大约只用20分钟，他就不会在游乐城吃饭、购物，游乐城只赚100元；如果游览全部项目，就要在游乐城逗留一天，就得在游乐城里吃饭、购物，游乐城赚的钱就多多了，远远不止88元了。

这位商人在接受记者采访时说，在西方国家，商人经常采用这种“以退为进”的经商策略。而国内商人总是只看到眼前的利益，也就谈不上精明和智慧了。这就叫：二欲将取之，必先予之。

5 雨的遐想

雨，上帝的特使，生活的精灵，与人类风雨同舟，感悟美妙的“人”生。

“好雨知时节，当春乃发生。随风潜入夜，润物细无声。”（杜甫）好雨懂人意，柔情融大地，化作生命的光与色，它悄悄地来，轻轻地去，不事张扬，润物无声。

“软草平沙过雨新，轻沙走马路无尘”（苏轼）；“渭城朝雨浥轻尘，客舍青青柳色新”（王维）。春雨绵绵，原野青青，景色清新可爱，移步走马，观花看柳，一尘不染，秀色可餐。

“春路雨添花，花动一山春色”（秦观）；“绿遍山原白满川，子规声里雨如烟”（翁卷）。烟雨蒙蒙，嫩草碧碧，花儿些许点缀，彰显生命的斑斓和人生的希望。[①]

“落花人独立，微雨燕双飞”；“细雨鱼儿出，微风燕子斜”；“黄梅时节家家雨，青草池塘处处蛙”。雨脚如麻，细雨如织，燕舞鱼跃，梅子留酸，草长蛙鼓，它欢腾热烈，生机勃勃，意趣盎然。

“问君归期未有期，巴山夜雨涨秋池。何当共剪西窗烛，却话巴山夜雨时。”是哪场夜雨让李商隐生出如此感触？好一场轻弹即破的凄凄夜雨，那份无尽思念与浓浓牵挂愈发强烈。

“有云更觉千山秀，不雨怎知人间情。从今有雨君须记，夜听萧萧打叶声。”这韩愈老先生确实了得，让这夜因了雨，又添几分可爱，几分趣味，几分相思。

“夜来风雨声，花落知多少。”“春水碧于天，画船听雨眠。”雨中有份悠然自在。

“红雨随心翻作浪，青山着意化为桥。”“小楼一夜听春雨，深巷明朝卖杏花。”“水光潋滟晴方好，山色空蒙雨亦奇。”雨中有份逸韵快活。

“东边日出西边雨，道是无晴却有晴。”“春潮带雨晚来急，野渡无人舟自横。”雨中有份雅致谐趣。

“平明忽见溪流急，知是他山落雨来。”“南朝四百八十寺，多少楼台烟雨中。”雨中有份禅思哲理。

---

① 杨春海．“雨”的断想．思维与智慧，2006，(4)：22，23

“山雨欲来风满楼”，雨中有份人生悟解。“少年听雨歌楼上，红烛昏罗帐。壮年听雨客舟中，江阔云低断雁叫西风。而今听雨僧庐下，鬓已星星也。悲欢离合总无情，一任阶前点滴到天明。”雨中有份酸甜苦辣和浓缩的人生。

雨露之恩当涌泉相报，亲人朋友要风雨同舟，创业要餐风沐雨，做事要未雨绸缪。想一想，这“雨”真非俗物，它为我们的生命留下了广阔的思维和抒情空间，对它的每一次体验都以获得新鲜、剧烈的心灵震撼和精神飞越。

雨，大自然的礼物，人类的缘分。行走在雨中，敞开自己的心扉，体验雨的浪漫，感悟雨的魅力，拥抱雨的灵魂，激活精彩的人生。

3 创新思维魅力无限

创新是人类社会发展进步的动力。人类社会的进步与变革的每一步都是人类创新活动的生动写照与智慧结晶。美国总统华盛顿在1797年的告别演讲中告诫美国人民要保持创新精神。哈佛大学第27任校长萨默斯说："我相信一个简单信条：集中精力争取最大效应。在今天，还有什么比让年轻人具备一种能够从生活中最大限度获益、为了适应未来变化的世界而接受新知识并进行创造性思维的能力更重要？"萨默斯的回答，让人想起他担任美国财政部长期间对21世纪经济的论述："从旧经济过渡到新经济，其实质是从生产有形商品变成为生产和应用知识的经济，而新经济需要新的思维模式。"

爱因斯坦告诉我们："上大学的主要目的，不是为了获取知识，而是为了掌握好的思维方式。"

哈佛大学迈克尔·桑德尔教授在公开课《公正》一课的结尾语中告诉他的广大粉丝，学习的本质，不在于记住哪些知识，而在于它触发了你的思考……

IBM公司总裁托马斯·沃森认为，IBM公司的成功不是靠资源的调配，也不是靠研究部门或推销部门的勤奋工作，主要是靠全体员工开动脑筋进行独立思考。沃森指示，在IBM公司的所有厂房和办公室内部都挂上写有"思考"的牌子，以便随时提醒人们什么事是最重要的，不要因为每天的杂务而忘了思考。

美国著名中国问题专家戴维·蓝普顿告诉我们："我曾向中国朋

友问起，中国改革开放带来的最大变化是什么？他们说不是中国的高楼大厦等实体建筑，而是中国人的思维方式。”

一　创新思维理念

一个人如果拥有了高超的思维能力，那么无论他遇到什么问题，总能想方设法加以解决。就像《西游记》中的孙悟空一样，炼得“火眼金睛”，“七十二变”，遇魔降魔，遇怪捉怪，岂不快哉！有一个关于学知识和学智慧的有趣故事：

学知识还是学智慧？

话说一位学子，千里迢迢访师求学，为的是求得真才实学。可让他感到困惑的是，学到的知识越多，觉得自己越无知、越浅薄、越苦恼。

有一次遇到一位高僧，他便向这位高僧倾诉了自己的苦恼，请求高僧指点，让自己从苦恼中解脱。

高僧听了他的苦恼后，想了一会，就问道：“你求学的目的是为了学知识还是为了学智慧？”学子听了大惑不解，就问道：“学知识和学智慧不一样吗？”

高僧笑道：“这两者当然不一样。学知识是求诸于外，当你对外界了解得越多、越深，你遇到的问题也就越多越难，你自然就会感到越无知和越浅薄；而求智慧则不同，求智慧是求诸于内，当你对自己的内心世界了解得越广越深，你的心智就越圆融无缺，你就会产生一股来自于内心的智性和力量，你就会觉得什么问题都不是问题，当然也就不会有这么多烦恼了。”

学子听后，大彻大悟。

这个故事中的智慧其实指的就是思维能力。

1 什么是思维？

在日常生活中，我们常常可以看到这样的情景：人遇事时，总是“想一想”或“考虑考虑”。“想一想”“考虑考虑”就是思维。思维就是人们对客观事物概括的、间接的反映，不仅要反映个别事物或事物的个别属性，而且要反映一类事物的共同本质，反映事物之间内在的、本质的联系。

2 线性思维与非线性思维

恩格斯曾经指出：“每一时代的理论思维，从而我们时代的理论思维，都是一种历史的产物，在不同的时代具有非常不同的形式，并因而具有非常不同的内容。因此，关于思维的科学，和其他任何科学一样，是一种历史的科学，关于人的思维的历史发展的科学。”因此，非线性科学的产生和发展必然引起非线性思维模式的诞生。非线性思维模式的诞生，是科技发展和社会进步的产物，是新时代的产物，也是新时代的需要。

所谓思维模式就是大脑在活动中形成的规律性的思维方式。人们经过长期的生活和实践，就产生了一些逻辑思维；在此基础上，依靠实践经验和相关知识，逐渐形成了思维模式。思维模式并不是一成不变的，而是在新的实践和新的知识中不断发展、不断更新、不断社会化。

我们不妨将思维模式分为线性思维模式和非线性思维模式（这种分法是相对的）。二者相互补充，各有千秋。

线性思维是一种传统的思维模式，它是在常规的经验和线性科学的基础上形成的思维模式。线性思维的特点主要是简单性、常规性、渐进性、预测性。简单地说，就是以不变应万变。正因为如此，线性思维也称为机械式思维。

非线性思维是一种创新思维模式，它是在非常规的经验和非线性科学的基础上形成的思维模式。非线性思维是一种全方位的思维模式，它从发展的眼光看问题，从变化的角度认识问题，从不同的层次审视问题。既整体思考，又兼顾个性，既抓大又管小，以科学发展观来理解万事万物。非线性思维的特点主要是开放性、多维性、创新性、适应性。简单地说，就是随机应变。正因为如此，非线性思维也称为适应性思维。

随着社会的发展和人们需求的变化，人们的思维方式正在从线性转向非线性，并发展形成了一套系统的非线性创新思维的基本模式。

我们要学习非线性思维，培养自己的创新理念，挖掘自己的创新潜力，使自己成为最具创造性的人。从而，走出一条创新的人生之路。

二　非线性思维显神通

非线性思维的基本模式有：开放式思维、蝴蝶效应式思维、尺度变换式思维、博弈思维、迂回式思维、转化式思维、相似性思维等。下面分别进行分析、思考、交流和感悟。

1 开放式思维

◆ 开放式思维的内涵

现实世界是一个开放系统。开放系统为事物的发展变化提供了物质、能量和信息，提供了广阔的发展空间，因此开放系统是事物生存的基础，是事物发展变化的条件。内因是变化的根据，外因是变化的条件，内因通过外因而起作用。开放式思维就是放开思路想问题，从各个方面研究问题。开放式思维就是把事物看成一个开放系统，把事物的发展变化看成是和外界相互作用的结果，从普遍联系的角度去认识事物，从更大的范围去思考问题、解决问题。比如，在国外，活跃、互动的课堂教学创造了一种开放式学习的氛围。

◆ 开放式思维的科学基础

（1）非线性科学是研究开放系统中非线性共性问题的学科，是解决我们生活的开放系统中面临的一些共同问题的学科。根据非线性科学，世界是开放的，世界中的每个系统都在不断地与环境进行物质、能量和信息的交换，使系统在适应中发展，在变化中进化。例如，生命系统就是不断地从外界环境获取物质、能量和信息，使系统从简单到复杂不断进化。鱼的流线体型、鸟的强健双翅和某些动物的伪装色彩就是生物体自觉地在它们与环境之间建立的一种能动的适应性。这正是适者生存。

常言说得好，流水不腐，户枢不蠹，也是这个道理。因此，非线性系统，不但是开放的、变化的，而且还是“活”的。打个比方：一潭水，有注入有流出，才会清澈有活力；有注入无流出，或注入大于流出，便会泛滥成为沼泽；无注入只流出，或流出大于注入，便会干涸成为荒漠（蒋澜鹏）。

（2）开放系统是我们生活中的实际系统。和孤立系统、封闭系统相比较，开放系统更贴近生活，更贴近自然。生命在开放系统中不断进化，人类在开放系统中不断发展，社会在开放系统中不断进步。600 年前，郑和下西洋，开创了中国新形式的和平外交；改革开放，和谐发展，使中国走向繁荣昌盛。

◆ 开放式思维的特点

开放式思维就是放开思路想问题，它的特点就是开放性、联想性和多维性。开放式思维的最大特点就是开放性，就是把事物放在一个开放、变化的环境中，从各个角度、各个层次考察其内外可能的相互影响。既要考察内部影响，也要考察外部影响；既要考察近期影响，也要考察长期影响；既要考察必然影响，也要考察偶然影响；既要考察有利影响，也要考察不利影响；既要考察主要影响，也要考察次要影响；既要考察现实影响，也要考察潜在影响。这是因为事物是普遍联系的，所以，在解决问题时，通过联想的方式，想到与解决问题有关的各种因素与联系，想到解决问题的各种可能的途径。这些相互联系的因素搞清楚了，思路就清晰了，办法也就有了，问题就解决了。

比如，在一次中外学者“开发创新思维研讨会”上，日本专家村上幸雄拿着一把曲别针，请大家说说曲别针有多少种用途。大家七嘴八舌说了几十种。村上幸雄笑笑说：“我能说出 300 多种。”而中国专家许国泰说，他能说出 3 万种甚至更多。人们侧目：“吹牛不上税，真狂!”许国泰慢慢道来。他说，大家和村上幸雄讲的用途，可用“钩、挂、别、联”四个字概括。我可以借助信息标和信息反应场概念突破这四种格局：曲别针可做英、俄、希腊等文字。曲别针可与盐酸反应产生氢气。曲别针由铁元素构成，铁与不同金属元素化合，生成的化合物有成千上万种。实际上，曲别针的用途几乎是无穷的。所以说：有些事情，不是做不到，而是没想到。

再比如，美国从 1776 年发表《独立宣言》以来，至今不过 200 多年。美国之所以能够迅速发展，得益于这个国家的对外开放。17

世纪初到18世纪70年代，大量移民涌入北美。1861~1914年，入境移民高达2700万人，几乎和1855年美国的总人口一样多。外来移民把先进的科学技术带到了美国。其中，德国科学家爱因斯坦就是“希特勒的礼品”，他为美国实施了原子弹计划，其中意大利的费米领导了高级研究部，德国的贝蒂领导了理论研究部，奥地利的拉比、匈牙利的特勒（氢弹之父）、丹麦的玻尔、英国的查德威尔都是高级顾问。又比如，美国科学界云集了一批杰出的华裔科学家：物理学家杨振宁、李政道、丁肇中、吴健雄，数学家陈省身，建筑学家贝聿铭、林同炎，天体物理学家冯元贞，生理学家张明觉，等等。美国政府毫不掩饰地说：“他们的贡献和所带来的经济利益使美国变得更加强大和富裕。”

十一届三中全会，开启了中国改革开放的新纪元；改革开放，铸就了中华民族现代化建设的历史丰碑。改革开放30多年以来，国民经济持续快速发展。请看以下数据：

1979~2007年，我国国民经济年平均增长9.8%，比同期世界经济平均发展水平快6.8个百分点。

1978年，我国国内生产总值（GDP）只有1473亿美元，到2007年达到32 801亿美元，位居世界第四位。

1978年我国人均国民总收入（GNI）只有190美元，2007年达到2360美元，比1978年增长了11倍。

1979年我国吸引外商直接投资（FDI）总量只有8万美元，1979~2007年，吸引外商直接投资累计达7754.2亿美元。2007年，我国利用外商直接投资居世界第6位。

1978年，我国外汇储备只有16亿美元。2008年9月，外汇储备余额为1.9056万亿美元，成为全球外汇储备最多的国家。

同时，我国进出口贸易上升到世界第三位，主要工农业产品产量均提升到世界第一位，国际旅游出入境人数居世界前列……

◆ 开放式思维应用举例

1）户外种瓜硕果累累

徐黾买了一包“红瓤酥”，种在小院的一角。剩下的瓜种就让乡下一位亲戚带回老家。过了五天，“红瓤酥”的幼芽破土而出。又过了两天，幼芽舒展开两片嫩叶。徐黾按照“红瓤酥”包装上的“说明”修剪，在主蔓长出2~4片叶时摘心；子蔓长到6~7片叶时再摘去子蔓的心。同时浇水、除草、施肥、松土、培根，尽心管理。不久，孙蔓在子蔓上陆续长出，葱葱茏茏，在小院形成一片绿地，点点橘黄色的小花点缀其中，使小院显得一派生机。“说明”上称，结瓜的主要是孙蔓，平均每株坐果8~15个，单瓜2千克左右，亩产可达6000千克。

“红瓤酥”瓜蔓遍地，花儿灿烂，但却只结了两个瓜，形状还是歪斜的。莫非是假种子？徐黾就打电话给乡下的亲戚，询问“红瓤酥”在乡下的情况。亲戚说，好种子，真是好种子！结了满园的瓜，酥脆爽口，味甘甜美，非常好吃。徐黾说出了自己的困境。亲戚听后哈哈大笑，说：经你这一讲，我倒想起来了。你的瓜不是在院子里吗？深宅大院，既不透风又不得雨，怎么会结多少瓜？我的瓜可是种在外面的，透风得雨，光照充足，自然长得好。

原来，对于瓜果来说，经历风风雨雨是必要的，接受摇曳扭曲也是必要的，这样才能将它们内在的灵魂激活。树木只有经历风雨，才会硕果累累。

正如马里欧特所说：“好的木材并不在顺境中生长，风越强，树越壮。”偏安一隅，避开骤风急雨的吹打，只能徒长枝蔓。人也一样，只有经过雨打风吹，才能磨炼出智慧，才能懂得生活。

2）打工的经历是无价的

有个正在大学读书的年轻人，每逢礼拜或是放假就到父亲开办的工厂去上班。他在厂里他跟其他工人一样，排队打卡上下班，月底凭卡和车间评定的质量分和工件的数量结算工资。他用打工的工资去偿还父母为他垫付的学费和负担的伙食开支。

大学毕业了，他想可以接管父亲的公司了，可他父亲不肯。他不明白，他父亲是公司董事长，家里并不缺钱花，还经常捐钱给福利院，可就是舍不得给他一分钱，即使生活费也得定期索要。他想，他肯定不是父亲的亲生儿子。

无奈之下，他想去外面另谋生路。他想做生意要去银行贷款，他父亲就是不给他担保，没有担保人，就贷不到一分钱。他只得去打工。打工期间，因为复杂的人际关系，他被人挤出了公司。失业后，他将打工积攒的一点资金开了一家小店。小店生意不错，发展成一家小公司。小公司又发展成了大公司。可最终因为管理不善而倒闭了。他十分痛心，差点跳楼。

就在他万念俱灰、无精打采地回到家里的时候，他父亲却意外地张开双臂，紧紧地拥抱了他，并决定让他接管自己的公司。对于父亲的决定他大惑不解。他说，我现在一无所有，甚至刚刚经历了失败，你为什么还要我接管公司呢？他父亲说："不，孩子，你虽然跟几年前一样，不拥有金钱，但你拥有了一段可贵的经历，这段经历是无价的。如果我前几年就将公司交给你，你最终将会一无所有，包括我交给你的公司也迟早会失去。可是现在不一样了，你拥有了这段走出去的经历，我相信你不但能管好这个公司，还会让它发展壮大。"这正是：同样是出于爱，有人给鸟一只笼子，有人给鸟一片森林。

果然，他不负父望，将一家普通的公司发展成了今天令全球瞩目的大公司。他就是伯克希尔公司总裁——“美国股神”沃伦·巴菲特。他的父亲是霍华德·巴菲特。

很显然，能够从挫折中站起来，就能将经历的挫折变成财富；如果倒在挫折中站不起来，那么经历的挫折就是一场灾难。如何对待挫折和苦难是考验一个人能否成就大业的重要标志。正如英国精打细算的亿万富翁约翰·考德韦尔所说：“我深信，人生需要经历糟糕或者来之不易的事情，这样你才会欣赏美好或者唾手可得的东西。”因此，应该倡议，在上大学期间，利用假期，到外面打几个月工，了解外部世界，了解社会需求，是非常必要的。毫无疑问，这一经历将会使你终生受益。

3）马与驴

唐朝贞观年间，长安城西的一家磨坊有一匹马和一头驴。它们是好朋友，马在外面拉车，驴在屋里拉磨。贞观三年，这匹马被玄奘大师选中，前往印度取经。

17 年后，这匹马驮着佛经回到长安，专程拜会驴友。老马侃侃而谈，谈起这次旅途的经历，那些神话般的经历使驴听了大为震惊。驴惊叹道：“你去了那么遥远的地方，有多么丰富的见闻，见识真广！”老马说：“其实，我们走过的路程都差不多，当我向西域行进的时候，你一步也没有停下来。不同的是，我同玄奘大师打开了一个广阔的世界，而你却一直围着磨盘转，被蒙住了眼睛。”

显然，习惯总是束缚着我们的思维。一个人如果不能突破习惯的束缚，那么他就会在自设的、“固执”的陷阱中愈陷愈深。一个人如果把自己封闭起来，那么他就成了一头拉磨的驴，看起来辛勤劳作，却不会成为一匹奔驰疆场的骏马。

2 蝴蝶效应式思维

美国的“美像厂”是美国最知名的家具厂，它生产的床垫在美国是一流的。“蓝森林”家具店是一家老店，是“美像厂”床垫的专卖店。它们在美国都有很高的声誉：质量一流、服务一流、信誉至上。

一天，汤姆来到“蓝森林”家具店买床垫。按规定先向家具店交付了200美元订金。交完订金后，他就回家了。谁也没有想到，在回家的路上，他遭遇到了不幸。他被送到医院时，已经人事不省。几天后，他被医院诊断为植物人。

当家具店按照订单上的地址把床垫送到汤姆家时，开门的人却感到莫名其妙，并说他从来没有订过什么床垫，这里也没有汤姆这个人。无奈之下，送货员只好将床垫又拉回到店里。他想，不管是那儿出了错，汤姆一定会回来找的，因为他毕竟已交付了200美元订金。

但事实上，汤姆已经成了植物人。他的家人也不知道汤姆先前预订了一张床垫。看来，这已经成了一桩悬案。

然而“蓝森林”家具店和“美像厂”都一致坚持要等汤姆来领床垫，这是关乎诚信的问题。做生意一定要讲诚信，一定要信守自己的经营承诺——急顾客所急，想顾客所想。于是，他们在店门口张贴广告，在当地的报纸上发布了消息，一方面寻找汤姆，一方面希望知情者能提供线索，好让汤姆将床垫领走。但事实是，汤姆并没有回来。

汤姆订购的床垫在家具店里放了一年了，没有人来认领；两年了，没有人来认领；三年了，还没有人来认领……又过了三年，厂家已经不再生产这种床垫了，汤姆还是没有再来。一切如石沉大海。

几年来，商店和厂家为这张床垫多次交换意见，双方一致认定：信守承诺，留下这张床垫。就这样，这张“特殊”的床垫被店家挪来挪去，虽说很占地方，却没有人提出异议。每隔一段时间，他们就会拿出一支粗笔，把床垫上那几个已经模糊不清的大字再描上一遍：“订购人，汤姆。”他们不仅仅是耐心地等待汤姆，简直是在召唤汤姆！这期间，家具店换过两次老板。接任时，前任都要领着接任者走到这张“特殊”的床垫前，说明几年前发生的事情。接任者也像前任一样，坚守诺言。

谁也没想到，7 年后，汤姆苏醒了！汤姆的苏醒是医学界的一个奇迹，电视、报纸争相报道。

家具店老板知道这一消息后十分惊讶，急忙到医院去找汤姆。原来，7 年前汤姆在订货单上把一区写成了七区。怪不得床垫送不到汤姆家。7 年！“美像厂”和“蓝森林”家具店默默地坚持了 7 年！他们的信誉让人感动得流泪。

7 年后，家具店将床垫作为汤姆康复回家后的一个礼物送去。汤姆回家的那天，许多市民跑到街上，他们一定要抬一抬、摸一摸这张神奇的床垫。人们说，汤姆的苏醒不但是医学界的一个奇迹，也是家具店 7 年来的深情唤醒了汤姆！一定要让他睡一睡这张床垫！

这件事在全美引起了强烈震动。就连当时的美国总统里根看了报道，也激动地跑到一家新闻中心赞不绝口，他深情地说：“真诚，一定会感动上帝！”①

◆ 蝴蝶效应式思维的内涵

蝴蝶效应是指事物对初始条件的敏感性，也就是说，小小的一

---

① 星竹．一张床垫．羊城晚报，2004-10-02

小图钉，大用途

资料来源：〔德〕卜劳恩．图钉妙用．读者，2005，(4)：35

个因素可能会引起翻天覆地的变化。比方说，阿富汗的一只蝴蝶轻轻煽动一下翅膀，可能会在纽约引起一场龙卷风。蝴蝶效应式思维就是根据事物的普遍联系性，尤其是根据事物对初始条件的敏感性，去认识事物，把握事物。因此，在认识问题时，要考虑直接原因和间接原因、显性原因和隐性原因、单一原因和综合原因、近期原因和长期原因。原因的微小性、复杂性和隐蔽性将可能引起意想不到的结果。

◆ 蝴蝶效应式思维的科学基础

（1）混沌状态的基本特征就是蝴蝶效应：系统对初始条件的敏感依赖性。在非线性系统的演化过程中，由于非线性作用，一个微小的因素可能被不断放大，导致系统发生巨大的变化。正如普利高津对蝴蝶效应的描述："一个小小的火花点燃巨大的森林，一句话引起一场世界战争，一次小小的犹豫制止一个人实现他的愿望，一个小小的孢子使所有的马铃薯枯萎，一个小小的胚芽使我们成为哲学家或者白痴。这正是非线性系统的随机现象——混沌，被经典动力学舍弃的或不予正视的微小误差，却正是客观存在的、普遍具有的演化之源。"

在日常生活中，蝴蝶效应比比皆是："千里之行，始于足下"；"一屋不扫，何以扫天下"。正如老子在《道德经》中所言："天下难事，必作于易；天下大事，必作于细。"

（2）事物的普遍关联性和复杂性产生了多种可能的不确定性，从而为难以预料的蝴蝶效应的发生提供了条件；矛盾的特殊性和可转化性，使蝴蝶效应的发生可成为现实。

（3）混沌控制就是设计出把混沌运动变为周期运动的控制方案，使蝴蝶效应变成一项实用技术。换一个角度来看，研究防止灾变机制，才是我们的着力之处。著名科学家钱学森提出：在系统将要出现失稳与灾变时，可采用截断某些联系的方法加以制止，这一思想被称为“钱学森猜想”。

◆ 蝴蝶效应式思维的特点

蝴蝶效应式思维的特点主要表现为细微性、隐蔽性、关联性、巨变性。

细微性是指，有时候引起事物巨变或转变的因素可能是一个不经意的、不起眼的、所谓的微小因素。比如，我国一位科学家，为了研究长江源的冻土植被状况，从青藏高原的一座山上挖走了一小块草皮，带回研究所进行研究。不料，几年后当他再次来到这座山上时，原本绿油油的一座山竟然变成了秃山。科学家感到万分愧疚。没想到，挖走一小块草皮，竟秃了一座山。真可谓“触一发而动全身”。

毛主席在《论持久战》中说：“星星之火，可以燎原。”我们平时也常说：“千里之堤，毁于蚁穴。”也是这个道理。

隐蔽性是指，有时候引起系统巨大变化的因素很小，我们往往不在意，经常被我们忽略，它便潜伏下来，伺机待发，或逐渐增强到一定程度而突发。对此，如果我们警觉不高或忧患意识不强，就可能“一失足而成千古恨”。

关联性是指，世界上的万事万物都处在普遍联系之中：每一事物的内部与外部、部分与整体、内部各因素、外部各因素都有着千丝万缕的联系，整个世界是一个相互联系、相互作用的大网络。任何一个小小的波动，都可能引起连锁反应，可能引起事物整体的巨大变化。

小错误引起的大事故

就说巴西先进的“环大西洋号”轮船沉没一事。起因是大副理查德，私自在岸上买了一个小台灯带上轮船，准备在船上给妻子写信时用。服务生斯科尼到理查德房间找他，他不在。斯科尼随手扭开了台灯，坐了一会就走了，但忘了关台灯。结果，斯科尼走后台灯倒了。机电长科恩发现跳闸了，想都没想，顺手就把闸合上，也没有去查原因。不一会，火苗从理查德的房间窜出。消火栓锈死了，闭门器坏了，救生筏放不下来。无奈之下，船员纷纷跳进大海……

他们每人都犯了一点点小错误，却酿成了船毁人亡的大事故。

巨变性是指，当小因素使事物的发展变化达到某个临界点时，就会发生非常大的变化，甚至发生突变，而且完全出乎意料，发生前并没有明显的征兆。在现实生活中，我们的一些缺点、错误或不良现象为什么得不到及时纠正呢？因为我们没有付出生命的代价。

◆ 蝴蝶效应式思维应用举例

1）多米诺骨牌效应

多米诺骨牌风靡全球，规模越玩越大，每年都有人创造出新的吉尼斯纪录。怀特博士是大不列颠哥伦比亚大学物理学家，他制作的多米诺骨牌设计非常奇妙。这组骨牌共13张，每一张大小按体积的1.5倍依次递增，第一张最小，长9.53毫米，宽76毫米，厚1.19毫米，不及小指甲的大小。第13张牌最大，长61毫米，宽30.5毫米，厚7.6毫米，牌面大小相当于一张扑克牌，其厚度却是扑克牌的20倍。

当怀特放倒第一张骨牌的一刹那，只听叭的一声开始，马上就引起一连串反响，那13张大小不一的骨牌依次放倒。当第13张牌轰然倒下的时候，怀特跳了起来，因为他揭示出了一个惊人的秘密：每一张骨牌都能推倒重量是自身 1.5 倍的下一张骨牌，这就意味着一种微小的力量，可以推动并产生巨大的效果。

多米诺骨牌

资料来源：漫画：多米诺骨牌．参考消息，2005-3-16（原载美国《洛杉矶时报》）

按照怀特的设计：第 32 张骨牌的高度将达到 415 米，比纽约的帝国大厦还要高出一倍。请你闭上眼睛设想一下，一个比小指甲片还小的东西最终将推倒一座摩天大厦。哇！这是一股多么神奇的力量，简直不可思议！

2）豌豆上的公主

《豌豆上的公主》是安徒生笔下一个很有名的童话。说古时候有个王子，想娶一位真正的公主为妻。他找遍了全世界，最后还是无望而归。

踏破铁鞋无觅处，得来全不费工夫。一日深夜，倾盆大雨，一名女子在城堡外要求借宿，并自称是一位公主。为了搞清楚这女子是否是真正的公主，王后在她的床板上放了一粒豌豆，然后垫上 20 层床垫和 20 床鸭绒被。第二天早上，王后问公主睡得是否舒适。公主回答道："噢，天哪，简直是一场噩梦，床上不知道有什么东西，硌得我浑身发疼，整整一晚上根本就没睡！"

安徒生以“豌豆上的公主”作比，绝不是在羡慕公主的肌肤有多娇嫩，而是说生活是如此美好，有家庭，有朋友，有事业，还有新鲜的空气，美丽的自然风光……所有这一切就像一座舒适的皇宫和那厚厚绵绵的鸭绒被。若和人美好的一生相比，生活中的苦恼就好比那床板上的一粒豌豆。可悲的是，生活中偏偏有一些人，一丁点的不快便可在心里播种、扎根、生长，在心里滋生蔓延，连续数日苦恼不堪，有时甚至真想发疯。就像豌豆上的公主一样，无法忽略一粒小小的豌豆，自虐自弃，自我折磨，无缘享受美好的生活，枉度人生。

我觉得，还是学学诗人鲁藜：“还是把自己当泥土吧，老是把自己当做珍珠，就时时有被埋没的痛苦。”

3）细节决定成败①

有一位留学德国的留学生，毕业时成绩优异。高材生嘛，当然想留在德国求职。他去过很多家大公司，全都被拒绝。他很伤心，很恼火，也很无奈，又没有别的办法，总不能饿着肚皮吧？于是，他放下身段，选了一家小公司去求职。心想，这次再也不会被有眼无珠的德国老板赶出门啦！

让他想不到的是，小公司同样拒绝了他。高材生终于忍无可忍，拍案而起：“你们这是种族歧视！我要控……”对方没有让他把话讲完，低声告诉他：“先生，请不要大声说话，我们去另外的房间谈谈好吗？”

他们走进另一个房间，德国老板请愤怒的留学生坐下，为他送上一杯茶水，然后从档案袋里抽出一张纸放在他面前。留学生拿起来看了看，是一份记录，记录他乘坐公共汽车曾经被抓住3次逃票。

---

① 魏诸．非线性科学基础与应用．北京：科学出版社．2004，44

他很惊讶，也更加气愤：原来就是因为这么点鸡毛蒜皮的事，真是小题大做！

据留学德国的一位学者讲，德国抽查逃票一般被查到的概率是万分之三，也就是说，你逃一万次票才能被抓住 3 次。这位高材生居然被抓住 3 次逃票。在严谨的德国人看来，那可是绝对不可饶恕的。

按照蝴蝶效应，这位留学生不该贪小便宜，因小失大；从另一方面看，国际经济就是信誉经济，这就是德国人为什么把那件逃票的“小事”看得那么重要——一个人在三毛两角的蝇头小利上都靠不住，你还能指望在别的事情上信赖他吗？一旦受到金钱、美女的诱惑，你怎么敢相信他就不出卖你、不出卖公司的利益呢？一旦将银行的钱借给了他，你还能指望他还回来吗？一旦签了合同，你还能指望他会不折不扣地履行吗？

据一位留学生讲，刚到德国时，不管是乘地铁、公共汽车、渡轮，竟没有一个人来查票。于是就想到了逃票。你只要胆大、心细、脸皮厚，就很容易逃票，就可以免费到德国各地旅游。实际上，车上仍然有人不定时查票。一旦查到你没有买票，将处以巨额罚款；同时，在你的个人档案中将有一笔黑色记录，你就上了没有信誉的黑名单。你以后出国签证、贷款买房等需要政府帮忙的事，很难得到同意；再没有人愿意跟你合作，哪家公司都不愿意雇用你，邻居都要躲着你，自然也就没有人愿意跟你做朋友，你在这个文明社会就很难立足。也就是说，没有信誉，就没有生存。

凡是游历过欧洲的人，你问他印象最深的是什么？不仅是那些灿烂的古代文明，辉煌的现代建筑，更是无处不在、无时不有的良好的生活细节。正是那些不动声色的生活细节，构成了现代欧洲文明的精髓。那是一种经过多年积淀、浸润在人们骨子里的文明，是一种不易觉察却是实实在在的文明。这种文明奠定了安邦兴国的基础。

因此，从深层次来说，看一个人的文明程度，并不太在意他的学历，而在意他的生活细节；看一个家庭的文明程度，并不太在意其客厅的陈设是否雅致，而在意这个家庭的厨房和厕所；看一个国家的文明程度，也并不太在意媒体的说法，而在意普通民众业余时间的言行举止。正如美国著名黑人民权领袖马丁·路德·金所说："一个国家的前途不取决于它的国库之殷实，不取决于它的城堡之坚固，也不取决于公共设施之华丽，而在于公民本身。"抗日战争、解放战争、抗美援朝、反击媒体恐怖主义、四川汶川抗震救灾都是这一思想的活生生的体现。

4）滋养婚姻的神奇力量

刘燕敏和其先生结婚 10 周年那天，收到了一份特殊的礼物——一位移居加拿大的朋友给她寄来一张游戏盘，名字叫"别让那只鸟飞了"[①]。

游戏打开后，出现一栋皇家风范的豪宅。豪宅里各项生活设施应有尽有。游戏者进去之后，在这里以主人的身份生活。你想看书，可以进书房；想喝咖啡，仆人会给你送去；想打高尔夫球，就去高尔夫球场；想举行舞会，可以邀请包括麦当娜在内的 100 位世界影视明星；想去旅行，车子就在门口，你可以去埃及、法国、中国等世界上任何一个地方。总之，你可以在这里随心所欲地生活，想怎么样就怎么样。

但特别要提醒的是，这栋豪宅里有一只鸟，嘴巴上叼着一只篮子，在豪宅里飞。不论你是外出旅行，还是在家读书，或是在公司

① 刘燕敏．别让那只鸟飞了．微型小说选刊，2004，(24)：7，8

做事，都不能忘记给这只鸟的篮子里放东西。假如你忘了，时间一过，它就会从窗口里飞出去，屏幕上就会出现一个可怕的画面：豪宅倒塌，野草丛生；夕阳下，一个孤独的身影慢慢地消失在黑暗中……

向鸟篮里放些什么东西，鸟才不会飞走、豪宅才不会倒塌呢？游戏里有一份菜单，菜单上有：金钱、食物、水果、花朵、微笑、哭泣、亲吻等152种日常用品和日常行为。每一件东西、每一个行为都被赋予不同的时间价值，有的代表一个月，有的只代表3分钟，哪一种代表多长时间由游戏者根据自己对它的认识来判定。

起初，由于不知道向鸟篮子里放些什么，弄得那只鸟经常从窗口里飞出去，一飞走，游戏就砸了。有一次，实在是不知该怎样侍候它，就随便弄了一个吻放在鸟篮里。结果大出意料，它不仅在书房里看了整整一个下午的书，甚至有时还把篮子放在她的书桌上，然后自己跳到里面打个盹。还有一次，刘燕敏送给它一个亲密的拥抱和惜别，就去了墨西哥的古玛雅城市遗址。这次更出乎意料，半个月后刘燕敏回来时，鸟儿不仅没有飞走，还在家门口盛情地迎接刘燕敏。

这到底是怎样的一只鸟？你送它金钱，它只在家里待3分钟；你送它一枝花，它竟可以待上3个小时。刘燕敏终于发现，它是一只婚姻鸟，它有许多常常被我们忽视的、瞧不起的、不起眼的、不在意的救星。一个微笑，一个轻吻，一个拥抱，一句关切的话语，一份小小的礼物，一段短暂的惜别，都可以把它长久地留下。

这个游戏，是赫利克斯公司耗时3年、投资8500万美元，从全球50万对金婚老人那里征集的婚姻感悟。它明明白白地告诉我们，一句微不足道的赞许，一个轻轻的吻，一杯顺手递去的热茶，一枝9毛钱的玫瑰，这些日常生活中唾手可得的、微不足道的、一点也不起眼的东西，具有滋养婚姻的神奇力量。

5）美国“次贷蝴蝶”在世界各地飞来飞去

前几年，美国住房市场高度繁荣，发展迅速。当房地产市场降温、房价下跌、利率上升时，许多次贷市场借款人无法按期偿还借款，造成很多放贷机构遭遇严重财务困难甚至破产。一场因次级抵押贷款机构破产、投资基金被迫关闭、股市剧烈震荡引起的次贷风暴于2007年8月席卷世界金融市场。

美国次贷市场出现信贷危机，是由于美国金融机构向信贷记录不佳的置业人士提供按揭贷款，然后将这些贷款证券化，再以一个较高的回报率，卖给个人或者是机构性投资者，这种按揭抵押债券，在美国被称为次级抵押贷款。美国最大抵押贷款机构“全国金融公司”传出已无力在商业票据市场融资的谣言后，其股票持续五天下跌，下跌了3.17美元，至21.29美元。美林证券公司随后宣布下调其信用评级，降至“卖出”级，建议投资者抛售其股票，并称“投资市场可能会急剧恶化”。此举导致“全国金融公司”股价跳水13%，创下1987年以来的最大单日跌幅。美股动荡又加剧了市场的不安气氛，各界普遍担心次贷危机会波及其他金融领域，由此引发2007年8月19日的全球股市下滑。

次货危机引发的全球金融市场的震荡使得人们似乎到了谈“次”色变的地步。为了恢复股市的稳定与投资者的信心，美国、欧洲、日本等各国央行纷纷注资“救市”。美联储已向金融系统累计注资940亿美元。欧洲中央银行也投入了2110亿欧元（约合2832亿美元），以增加市场的流动性，克服次贷市场危机造成的影响。

实际上，美国次贷危机正在一步步扩散：

2007年2月13日，美国抵押贷款风险浮出水面。

2007年4月4日，美国第二大次级债机构新世纪金融申请破产。

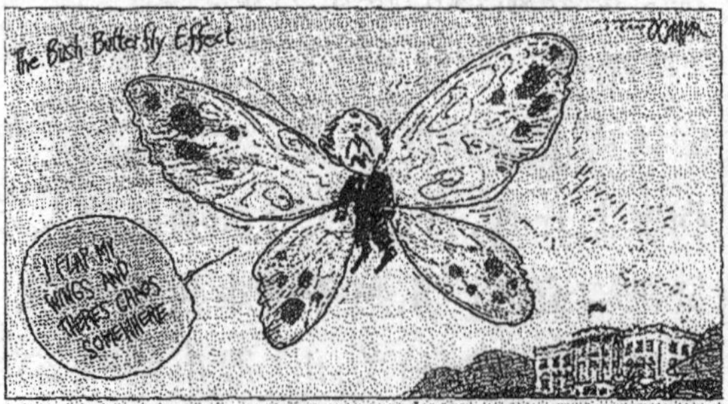

布什的蝴蝶效应　布什："我一振动翅膀，准有哪个地方出乱子。"　（原载美国《洛杉矶日报》）

布什的蝴蝶效应

资料来源：参考消息，2007-7-18

2007年4月24日，美国三月成屋销量下降8.4%。

2007年6月22日，美国抵押贷款危机再现，美股高位回调。

2007年7月10日，标普降低次级抵押贷款债券评级，全球金融市场大跌。

2007年7月19日，贝尔斯登旗下对冲基金濒临瓦解。

2007年8月1日，美国次级债连锁反应，港股受累下挫。

2007年8月6日，房地产投资信托公司 American Home Mortgage 申请破产保护。

2007年8月7日，中国银行、中国工商银行卷入美国次贷风暴。

2007年8月9日，法国最大银行巴黎银行宣布卷入美国次级债，全球大部分股指下跌，金属原油期货和现货黄金价格大幅跳水。

2007年8月10日，美次级债危机蔓延，欧洲央行出手干预。

2007年8月11日，世界各国央行48小时内注资超3262亿美元救市，美联储一天三次向银行注资380亿美元以稳定股市。

2007年8月14日，沃尔玛和家得宝等数十家公司公布因次级债危机蒙受巨大损失。

2007年8月16日，全美最大商业抵押贷款公司股价暴跌，面临破产，美次级债危机恶化，亚太股市遭遇严重下跌。

2007年8月17日，美联储降低窗口贴现利率50个基点至5.75%。

2007年8月20日，日本央行再向银行系统注资1万亿日元，欧洲央行拟加大救市力度。

2007年8月22日，美联储再向金融系统注资37.5亿美元，欧洲央行追加400亿欧元再融资操作。

2007年8月23日，英国央行向商业银行贷出3.14亿英镑应对危机，美联储再向金融系统注资70亿美元。

2007年8月31日，伯南克表示美联储将努力避免信贷危机损害经济发展，布什承诺政府将采取一揽子计划挽救次级房贷危机。

2007年9月18日，美次级债危机波及英国，北岩银行遭挤兑拟分拆出售。

2007年10月24日，美林证券发布第三季度财报称，由于在次级抵押贷款相关领域遭受约80亿美元损失，公司当季亏损22.4亿美元。

2007年12月13日，美欧央行联手应对信贷危机。

2008年1月15日，花旗集团宣布，由于出现了高达180亿美元的次贷相关损失，公司在去年第四季度净亏损98.3亿美元。

2008年1月16日，摩根大通公布2007年财报，第四季度亏损35.88亿元，其中因次贷损失13亿美元。

2008年2月12日，美国政府和六大房贷商提出“救生索”计划，以帮助那些因还不起房贷而即将失去房屋的房主。

2008年2月13日，布什正式签署一揽子经济刺激法案，大幅退税，刺激消费。

2008年3月14日，美联储决定，让纽约联邦储备银行通过摩根大通公司向美国第五大投资公司贝尔斯登公司提供应急资金。

2008年3月16日，美国摩根大通公司宣布，将以每股2美元的超低价格（总价约2.362亿美元）收购美国第五大投行贝尔斯登公司，以免后者破产。这样，有着85年悠久历史的贝尔斯登公司成为在次级债危机中垮掉的首家大型银行。全球股市应声大跌。

2008年7月13日，美国财政部和联邦储备委员会宣布救助两大住房抵押贷款融资机构房利美和房地美，承诺必要情况下购入两公司股份。

2008年7月26日，美国参议院批准总额3000亿美元的住房援助议案，授权财政部无限度提高“两房”贷款信用额度，必要时可不定量收购“两房”股票。

2008年9月7日，美国联邦政府宣布接管房利美和房地美，实行资产国有化。

2008年9月14日，美联储联合十大银行成立700亿美元平准基金，用来为存在破产风险的金融机构提供资金保障，确保市场的流动性。当天，美国联邦储备委员会前主席艾伦·格林斯潘说，美国正陷于“百年一遇”的金融危机中，这场危机引发经济衰退的可能性正在增大，将有更多大型金融机构在这场危机中倒下。

2008年9月14日，美国第三大投行美林集团以总额500亿美元出售给美国银行。

2008年9月15日，美国第四大投行雷曼兄弟宣布破产保护，有着158年辉煌历史的雷曼兄弟公司轰然倒下，创造了全球最大的破产案。至此，昔日华尔街五大投行中的三家都已不复存在，“幸存”的高盛和摩根士丹利也似乎已经处于风雨飘摇之中。

雷曼兄弟公司破产的消息引发了投资者对美国金融业的强烈担忧，当天全球主要股市纷纷大跌。全球最大债券投资基金太平洋投资管理公司被称为“债券之王”的明星投资经理比尔·格罗斯说，雷曼兄弟公司破产将引发“金融海啸”。

2008年9月17日，美联储宣布将借给美国国际集团850亿美元的应急资金，防止该保险巨头倒闭。而政府将持有该公司79.9%的股权，并获得该公司的实际控制权。当日华尔街股市跌幅超过4%，纽约股市三大股指暴跌4%以上。

2008年9月18日，美国主要基金公司PUTNAM投资公司18日突然宣布，由于机构投资者赎回压力增大，其决定将旗下一只规模120亿美元的货币市场基金清盘。美国愈演愈烈的信贷危机正在向货币市场蔓延。

2008年9月18日，美联储今天宣布注资1800亿美元以对抗席卷全球的金融危机。同时，世界各大银行正在向全球市场注资3600亿美元，共同努力扭转金融系统的不利局面。这些似乎仍无法阻止经济形势的不断恶化，所以恐慌情绪仍在不断扩散。

2008年9月21日，美联储批准了高盛和摩根士丹利成为银行控股公司的申请，从而将仅存的两家美国主要投资银行完全纳入政府安全网中。

2008年9月22日，美国政府宣布将动用7000亿美元，成立基金买入呆坏资产，这无疑是自1929年大衰退以来最大的一次救市方案，美国舆论称这是“美国特色的社会主义。”欧元太平洋资本总裁施夫说：“这项行动代表着这个国家迈向社会主义最大的步伐，标志着美国曾经引以为自豪的自由市场经济的终结。”澳大利亚《堪培拉时报》对此评论说，正如中国建设中国特色的社会主义经济一样，美国也在建立美国特色的社会主义经济。

2008年9月22日，德国财长施泰因布吕克表示，“七国集团其他六国不会采取与美国类似的救市计划”。成员包括340家全球性银行的国际金融协会的执行董事查尔斯·达拉拉说：“欧洲国家有一种观点，这是一个‘美国制造’的问题，应当由美国自己解决。”22日纽约股市三大股指再次暴跌。道琼斯指数下挫近380点，标普和纳斯达克跌幅均在4%左右。

2008年9月25日，美国储蓄管理局（OTS）25日宣布，全美最大的储蓄及贷款银行——华盛顿互惠银行已停止营业，被美国联邦存款保险公司接管。该银行资产规模3070亿美元，是美国有史以来倒闭的最大规模银行。

2008年9月25日，美国总统布什对美国民众发表电视讲话称，美国正面临历史上最严重的金融危机，整个经济体系处于危险之中。

毫无疑问，“美国制造”的次贷“蝴蝶效应”正在向全球蔓延：次贷危机演变成金融危机，金融危机升级为经济危机，经济危机引发债务危机，债务危机将导致政治危机……危机正在给世界带来灾难。它必将改变美国，也必将改变世界。

6）人性化细节使日本汽车大举进军美国市场

20世纪60年代，日本汽车大举进军美国市场，占据市场规模如此之大，惊动了美国商务部。商务部立即调遣专家对此做市场分析；同时向购买日本汽车的消费者发放调查问卷：要求被访问者列出选购日本汽车的三条理由。

几天后，专家向商务部递交了分析报告。他们采用拿手的数据分析与统计方法，得出的结论是：日本汽车省油、价低。

然而，收集回来的数万份调查问卷的结果却大相径庭。美国消费者选购日本汽车的理由依次是：车里有茶杯储放器；车体侧面的窗户可以用按钮调节升降；刷雨器有快慢两档之分。

此类问题对技术如此发达的美国汽车生产商来说根本不成问题。可问题是：他们能够做到，却没想到。

其实，顾客在买车时，既有说出来的要求，还有没说出来的期盼，比如想获得更多服务，想操作更方便，想更人性化等。没有说出来的需求和期望就需要企业真正站在消费者的角度，替消费者想到连他自己还未想到的种种细节。这种替顾客着想的换位思考正是日本汽车营销成功的秘诀所在。一位管理学大师说过，现在的竞争实际上就是细节的竞争。细节影响品质，细节体现品位，细节显示差异，细节决定成败！在这个讲求精细化的时代，细节往往能反映你的专业水准，突出你内在的素质。让我们不吝从小事做起，把小事做精，把细节做亮！

7）就业一角

上餐饮学校实习时，他在一家酒店做实习生。他做完分内的事情后，专门关注“剩菜”，哪个菜剩的最少，哪个菜剩的最多，他品尝味道，征求食客的意见。然后分类、归纳、分析，写成总结报告，实习结束时交给了总经理。

三天后，总经理不仅破例录取了他，而且任命他为餐饮部经理。并对员工解释说：“他虽然没有工龄，没有工作经验，但他的实习表现足足抵得上五年工作经验。”

兵法中有“明修栈道，暗度陈仓”之计。可惜在求职中，大家都在明修栈道，大搞“形象工程”，大做“表面文章”。你发现通达工作的“陈仓小道”了吗？如果发现了，僧再多，肯定有你一碗粥，而且是一碗不赖的粥。

3 尺度变换式思维

◆ 尺度变换式思维的内涵

简单地说，尺度变换式思维就是变换角度看问题。也就是说，在认识客观事物时，对认识对象从不同角度进行思考，既要从大的方面思考，也要从小的方面着眼；既要从正面思考，也要从反面着眼；既要看到现象，更要着眼本质；既要从广度上思考，也要从深度上着眼；既要站在认识对象的立场上思考，也要着眼环境的变化和影响，即全方位思考问题和认识问题。尤其重要的是，要开阔眼界，扩大视野，摆脱传统思维模式的束缚，注重从新的视角认识和解决问题，以达到最佳效果。所以，尺度变换式思维就是通过变换观察事物的尺度、方位和视角，使人们对事物有一个更全面的认识。

题西林壁

苏轼

横看成岭侧成峰，
远近高低各不同。
不识庐山真面目，
只缘身在此山中。

例如，拍集体照片时经常出现闭眼的情况。尽管拍照前大喊“一、二、三”，但还是有人坚持不住眨了眼。但有一位摄影师却反其道而行之，拍照前先让大家闭上眼，他喊“一、二、三”，在“三”时一同睁开眼，结果，拍出的照片没有一个闭眼的，人人双目圆睁，个个颇有神采，结果皆大欢喜。可真是：换个角度思维，不亦乐乎！

又如，选材的木匠来到山里，当他看到一堆奇形怪状的树根时，认为是无用之材，摇摇头就走了。而一位根雕艺术家来到这里，看到树根，喜出望外，就把它们拾回家，加以雕琢，树根变成了精美的根雕艺术品。

◆ 尺度变换式思维的科学基础

(1) 分形的基本属性就是部分与整体以某种方式相似，即部分反映整体。正所谓“一沙一世界，一花一天国”。因此，分形理论为人们认识世界提供了一种新的方法论，为人们从部分认识整体、从有限认识无限提供了可能的根据。

(2) 分形结构是一个多尺度问题。分形图像是许多不同尺度的图形的叠加。分形结构的形成过程说明了简单结构是怎样演化为复杂结构的。这就告诫我们，认识复杂问题，既要从整体上把握，又要把不同尺度的看法综合起来，才能对问题有比较全面的认识。

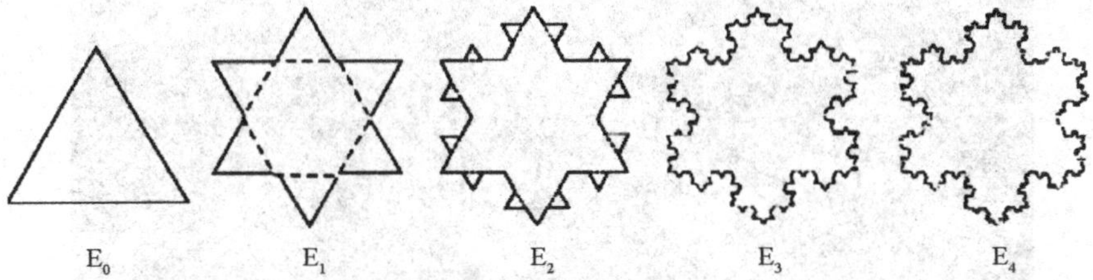

雪花形成过程示意图

(3) 分形结构具有的标度不变性的思想为人类认知世界开辟了一个新的领域：人们不仅能在时间、空间中观察事物，还能在标度中观察事物。就像相对论一样，在运动参照系中观察时，尺度缩小，摆钟走慢。

◆ 尺度变换式思维的特点

尺度变换式思维的主要特点是：在横向上变换角度看问题，在纵向上变换尺度看问题，在认知上变换主体看问题。

到了庐山，你就会知道，左看右看不一样，正看侧看不一样，上看下看不一样，这就是在一个层面看事物时，变换视角或角度，就可以更多地了解这个层面的状况，这就是在横向上变换角度看问题。

比如，大家熟悉的盲人摸象的故事，从局部看谁的判断都没有错，从整体看谁的判断都没有对，说的是同样的道理。值得一提的是，盲人摸象是我们常用的判断问题的方法。因为我们总是知道问题的一部分信息，然后对问题作出整体判断，这实际上就是盲人摸象的方法。这种方法值得研究，通过研究使盲人能摸出象。

盲人摸象

大家再想一想，羊毛球是几维的？对一只距离羊毛球很远的苍蝇来说，羊毛球看起来像一个零维的点；当苍蝇移动到距离羊毛球稍近时，羊毛球看起来像一个二维的面；当苍蝇进一步靠近羊毛球时，羊毛球就是一个很大的三维物体了。我们可以进一步想象，当苍蝇小到足以钻进羊毛球内部时，苍蝇关于“羊毛球”的概念就会消失，因为它发现自己正在一个复杂的网状组织中飞行，这就是在纵向上变换层次看问题，即变换尺度看问题。“站得高，看得远”，说的正是这个道理。

人们常说："要想公道，打个颠倒。"如果把自己设身处地地放在对方的处境下，问一下自己，要是我遇到这样一个问题该怎么办？这样就会把事情做得更好。希望别人怎样对待自己，自己首先就怎样对待别人；自己怎样对待别人，别人也会怎样对待自己。帮助别人就是帮助自己，即使不是直接地帮助自己，也是间接地帮助自己；即使不是帮助自己的现在，也是帮助自己的未来。这就是变换主体看问题。

◆ 尺度变换式思维应用举例

1）大学校长给新生们的建议

新生进入大学，开启了新的人生之旅。对新生来说，应该做好哪些准备？如何把握未来？大学校长们提出了一些建议。

（1）要做好观念、角色的转变。

北京大学原校长许智宏说："新生首先要适应新环境。美国很多大学在新生阶段淘汰率很高，我们的学生也应该注意在新环境的适应和过渡。"

四川大学校长谢和平说："新生们跨入校门就意味着真正走向社会，要注意从高中生到大学生的角色转换，树立远大的人生目标并为之奋斗。"

北京邮电大学原校长林金桐说："新生入学后要拓宽视野，把眼光从家庭转向社会，从中国转向世界，从中华民族转向全人类。这三个转变是一个人真正成熟的标志。"

南开大学校长侯自新说："新生要树立远大理想，要有为振兴中华做出自己贡献的历史责任感。"

（2）要做好学习方法、学习内容的转变。

复旦大学原校长王生洪说："要珍惜在大学的学习机会。现在的社会对人力资源的要求更高，也给年轻人提供更大的发展空间。大学生应利用上大学的机会很好地充实自己的知识，发展自己的能力。”

侯自新说：“大学的学习方式与高中时有很大不同，要积极适应大学生活，踏踏实实地学习，从基础开始，同时注意德、智、体、美全面发展。”

清华大学原校长顾秉林说：“大学的学习最主要是靠自觉，比如课堂上同学之间相互学习，边研究边实践边学习等。理工科学生要加强人文学科的学习，文科学生也要加强科学素养。”

西安交通大学校长郑南宁说：“大学中的学习内容与中学有所不同，当然也有一定延续性。新生们可以适当提前了解大学课程设置和内容，准备一些必要的工具书和参考书籍。”

（3）学会独立生活，积极融入集体。

顾秉林说：“在生活上，新生们要增强自我管理能力。遇到问题时主要靠自己调整、解决，要承担起应负的责任。在为学之前，应首先学会为人。”

王生洪说：“大学的环境相比中学有很大变化，大学更强调独立。应更积极、主动地适应并融入大学环境中去。多找老师谈想法，多向高年级同学讨教。”

谢和平说：“新生们大多出生于20世纪80年代，要注意从以‘自我’为中心向以‘集体’为中心的转变，关怀他人，关注社会，多一份社会责任感。在大学里，首先要学会做人；其次要学会做有用的人，学好知识，将来能够对社会有所贡献；此外才是学会做成功的人。”

2）快乐的城堡

塞尔玛陪伴丈夫驻扎在一个沙漠的陆军基地里，她的丈夫经常要到沙漠里演习，把她一个人留在陆军的小铁皮房子里。在仙人掌的阴影下也有近50℃高温，热得人又闷又慌。没有人和她聊天，因为那里的墨西哥人和印第安人不会说英语。她感到越来越郁闷，越来越孤独，有时甚至想发疯。实在受不了，就给父母写信，说无论如何要回家。

她父亲的回信只有两行字："两个人从牢中的铁窗望出去，一个看到泥土，一个却看到星星。"

这两行字却永远留在了她的心中，也完全改变了她的生活。她一再读这封信，越读越觉得惭愧。她开始和当地人交朋友，和他们交流使她非常惊喜。她对当地的纺织、陶器感兴趣，他们就把舍不得卖给观光客的纺织品和陶器送给了她。她着手学习有关土拨鼠的常识；开始研究各种沙漠植物；经常观看沙漠日落，寻找海螺壳……原来难以忍受的沙漠变成了令她惊喜不断、流连忘返的奇景。

一念之差，使她把原先无法忍受的恶劣环境变成为一生中最有启示意义的快乐经历。这正是："快乐地活在地狱的人，离天堂更近。"

3）我们总是错估他人的看法

我们总在猜测别人的想法，他人到底是如何看待我们的呢？为了研究这个问题，科学家追踪了一个班级的163名学生一年的时间。

开始时，研究者问每一位同学，周六他们最愿意约哪几位同学出去玩，并让他们估计自己在班上的受欢迎程度。结果发现，那些很受他人欢迎的"人气王"并不认为自己很受欢迎；而那些自认为是"人气王"的同学在其他同学中的口碑却并不怎么好。结果，只有25%的同学"别人喜欢他，他也自认为是人气王"，剩下的75%

都错了。这个结果使人震惊。它说明：我们都错估了他人对我们的看法！[①]

接下来，对这些学生进行了长达一年的追踪后发现，那些不被同学们喜欢、他自己也知道别人不喜欢他的可怜人，人格与情绪都很糟糕，不合群、逃学等现象屡有发生。而那些大家喜欢的“真人气王”人格与情绪发展都很健全。有趣的是，那些“自以为大家喜欢他”的“假人气王”也和“真人气王”一样，人格与情绪发展也很健全。

为什么会这样呢？科学家通过进一步研究发现，出现这个结果的原因是因为我们忽略了“个人信息不对称”的缘故。所谓“信息不对称”，就是我们拥有太多“关于自己的信息”，而别人对我们的信息则掌握得很少。我们总以为，别人从我们的最近几个表现中就能接收到“我的所有信息”；殊不知，对方靠的只不过是一个武断的直觉而已。

美国《新闻周刊》有一篇题为“自己最糟糕”的文章，进一步对“个人信息不对称”问题进行了分析。科学家找来一群大学生，把他们分成两组，让他们上台唱一首冗长的流行歌曲。让A组直接拿着歌词上台唱；却让B组唱两次：第一次是在台下拿着歌词练唱；第二次让他们在台上不拿歌词唱，结果，问观众：“没拿歌词的B组唱得比拿着歌词的A组差吗？”观众表示，除了看出一组拿歌词一组没有拿歌词外，觉得“唱歌的水平差不多”。

接着，私下问B组：“觉得自己在台上唱的怎么样？”不料，B组的人都觉得在台上“自己唱得不好”。

为什么观众觉得他们唱得好，而他们自己却觉得唱得不好呢？

---

① 〔美〕Samantha Duke. 我们总是错估他人的看法 . Joy 编译 . 青年参考，2008-05-27

钓鱼

资料来源：参考消息

这是因为：B组已经听过自己私下拿着歌词唱过的第一次，而第二次没拿歌词，唱的当然较差，于是他们就以为唱得不好。

你明白这个实验的意思了吗？人们往往把“公开信息”与“私人信息”搞混。每个人获得自己的“私人信息”是24小时不间断的，所以知道自己哪里做得好。而“外人”却不能，他们只是凭直觉来判断你做得好不好。

人人都存在“个人信息不对称”的问题。当判断自己做得好不好时，大都是“和从前的自己比较”；当判断他人时，大都是“和其他人比较”。这就是牛头不对马面，能对上才怪了呢！

4）一碗面条改变了一个小孩

有一天，10岁的小女孩米莎又和她妈妈吵架了。一气之下，她跑出了家门。她沿着路边，低着头，哭丧着脸，走了很长时间。她走着走着，走到了一个面摊跟前，这才感觉到肚子饿了。可是，她摸遍了身上的所有口袋，连一毛钱也没有。面摊的主人是一位很和蔼的老婆婆，她看到米莎站在跟前，就问："孩子，你是不是要吃面？""可是，我忘了带钱。""没关系，我给你吃。"说着，老婆婆就端来一碗葱花面给她吃，她很是感动。刚吃了几口，眼泪就掉了下来。老婆婆关心地问："你怎么了？"她一边擦眼泪，一边对老婆婆说："你不认识我，却对我这么好。可我妈妈，不但跟我吵架，还把我赶出来，叫我不要再回去！"老婆婆听了，笑了笑道："孩子，你咋会这么想呢？你再想想，我就给你吃了一碗面，你就这么感激我；而你妈妈给你做了十几年饭，给你吃，给你穿，你咋不感激她呢？你咋还跟她吵架？"

米莎愣了，不吭声了，匆匆忙忙吃完面，就往家里走。当她走到家附近时，一眼就看到了焦虑不安的妈妈正在路口四处张望……妈妈看到她，脸上立刻露出了喜色："莎莎，回来吃饭吧，菜都快凉了！"这时，米莎的眼泪又掉下来了！

有时候，我们对别人给予的小恩小惠感激不尽，而对父母一辈子的恩情却视而不见，或者认为理所当然。我们不妨站在父母的角度好好想一想，你的心中将会升起一轮太阳。

5）儿子给母亲的一封信

2003 年 12 月 31 日，彼得·弗拉基米罗维奇·帕潘科夫坐在办公室里，处理着这一年的最后几件公事。他板着一副面孔，一派首长风度。电话铃一响，他总是一边抓着话筒煞有介事地回答着，一边继续批阅文件。

一会儿，女秘书柳多奇卡进了办公室，说："帕潘科夫，有您一封信，私人的。"说着，把信放到帕潘科夫的桌子上，转身走了。

帕潘科夫拆开信，念了起来：

亲爱的妈妈：

我已经好久没给你写信了。因为我出差、度假、住医院了……

“真是活见鬼！”帕潘科夫惊诧不已，迅速地从他柔软舒适的安乐椅背上直起了腰。他又看了看信封，上面写的就是他的机关地址和姓名，一点儿也没错！帕潘科夫耐着性子把信继续念下去：

我们这里现在正是寒冬腊月、春暖花开、秋高气爽、夏日炎炎的时节。

我知道你没钱花了，所以寄给你100、50、10卢布。

我打算再过1个月、1年、5年就来看你。

我已被任命为总工程师、厂长、总局局长。

前不久我去逛剧院、电影院、音乐厅、酒吧间。

最近我准备出国，去南非、希腊、乌拉圭……

我妻子祖莉菲娅向你问好。

你的爱子彼佳

帕潘科夫更加莫名其妙，他又把信从头至尾念了一遍，然后又往信封里看了看，信封里果然还有一张小纸条。

亲爱的彼佳：

我多么盼望你能来信呀！可你却是个大忙人，哪有时间顾得上这种小事呢！我只好替你写了这封信，你只要简单地把那些不该要的词句划掉寄给我就行了。[①]

吻你！

你的妈妈

① 〔苏〕尤里·里希特. 信. 李志民译. 微型小说选刊，2004，(24)：46，47

帕潘科夫终于松了一口气，又顺势靠在了柔软舒适的安乐椅背上，自言自语道："哎呀，妈妈，你可真是一位幽默家呀！还对时间掐算得那么准，让信不早不晚刚好在 12 月 31 日送到，这一天呀，我可是连上厕所的时间都没有啊！"

6）船行多面风

那年春末夏初，青黄不接，队长安排回乡不久的段奇清到镇上去购返销粮。村前有一条小河直通镇粮站，队长让他驾船去购。

段奇清看了看风向，是正南风。镇粮站在村子的正东方向。段奇清想，如果是西风，或西南风，或西北风，我就可扬起风帆，躺在船上，一边哼着小曲儿，一边欣赏沿岸风景，看天上的飞鸟白云……那是何等惬意啊！嗨，只怪我运气不好，今天只好摇桨去了。不过，还是将帆带上，万一风向有变呢。

镇粮站离村子 30 多里路，当天就能赶个来回。段奇清吃过早饭就出发了。他用力摇着桨，摇出 3 里多路，岸上有一个老大爷向他招手，想搭顺路船。顺路捎人是当地的风俗习惯。段奇清二话没说，便将船靠岸。等老人上船坐稳后，就摇起了桨，继续赶路。

"船上有帆，你为啥还要摇桨？"老人不解地问。他说："老人家，您看看，今天的风向不对头！"

一听此言，老人便知道他是一个外行。这时，只见老人利索地解开帆索，升起帆。帆涨满了，老人便开始转动帆桅。待帆转到一定方向，让段奇清停下桨，风把帆鼓荡得满满的，船果然快速地向前驶去。

正在这时，正前方出现一条大商船，扬着帆，"嗖嗖"地驶过来。段奇清觉得不可思议："现在是南风，不同船只的帆同时扬起，怎么就能相向而行呢？"老人说："同是南风，或是北风，船走上水也可，行下水也行，关键在于能否正确调整帆的角度，这就是'船行多面风，话说八面理’的道理”。

“原来是这样。我明白了。太感谢您了！”段奇清满怀感激地说。那天，那位老人不仅让他领略到了“扬帆行船似神仙”的惬意，而且让他感悟到人生的真谛。

在人生的航程中，我们往往只喜欢走“顺风顺水”的顺境，厌恶走“逆风逆水”的逆境。但很多时候，人生的航船所遭遇到的往往是非顺非逆的“侧面风”。对这“侧面风”，很多人将其视为无用之风，甚至阻力风，只有智者将其看做是人生的机遇风，将它当做人生航行的动力。

懂得了“船行多面风”的道理，我们就能根据人生航向的目标，适时地调整人生之帆的“角度”，高高地扬起人生的风帆，乘风破浪，勇往直前。

7）最受欢迎的教育方式

大部分学生喜欢的方式就是批评教育的最好方式。例如，在以色列，批评教育是在轻松愉悦的气氛中进行的，没有给学生难看，维护了学生的自尊心，学生易于接受。再好的教育方式，学生不接受，就没用。只有学生接受，才有效。

1999 年 10 月，联合国教科文组织在日本东京组织了一次国际中小学教师与学生联欢活动，20 个国家和地区的 208 名教师和 202 名学生参加。我国选派了 9 名教师和 9 名学生参加。

联欢活动历时 6 天，先后开展了多项活动，其中一项活动就是评选最受欢迎的教育方式。主持者设计了一个问题，要求所有教师做简单回答。

问题是：“大杰克和小杰克是孪生兄弟，都是 14 岁，正在学校读书。他们家离学校较远，家长给他们买了一辆轻型汽车，让他们开车去上学。这兄弟俩总是贪玩，好睡懒觉，经常迟到，虽经多次批评，仍然我行我素。有一天上午考试，老师事先警告他们不许迟到，但他们还是因在路上玩耍迟到了30分钟。老师问原因，他们谎称汽车在路上爆胎，到维修店补胎误了时间。老师半信半疑，等他们走进教室后，悄悄地到车库检查他们的汽车，发现四个轮胎都蒙着厚厚的灰尘，没有被拆卸的痕迹。显然，补胎是他们编出来的谎话。”

问：假设你是杰克兄弟俩的老师，你将怎么处理？

208位教师认真作答，都在规定的30分钟内交了答卷。主持人经过分析整理，归纳出25种处理方式，其中主要的处理方式如下：

美国式的处理方法是：幽他一默——对兄弟俩说：“如果今天上午不是考试，而是吃冰淇淋和热狗，你们的车大概就不会在路上爆胎了。”

英国式的处理方法是：小事一桩，置之不理。

中国式的处理方法是：首先进行严肃批评，要求写出检讨；二是报告家长，要求家长严加监管；三是取消当年参加评选先进的资格。

韩国式的处理方法是：把真相告诉家长和全体学生，要求家长对孩子严加监督，让全班学生进行讨论，引以为戒。

新加坡式的处理方法是：让他们自己打自己嘴巴10下。

巴西式的处理方法是：半年内不准他们在学校踢足球。

日本式的处理方式是：将兄弟俩分开询问，对坦白者给予赞扬，对坚持谎言者严厉处罚。

俄罗斯式的处理方法是：给兄弟俩讲一个说谎有害的故事，再问他们近来有没有说过谎？

埃及式的处理方法是：让他们给真主写信，向真主叙述事情的真相。

以色列式的处理方法是：提三个问题，让兄弟俩在两个地方同时作答。这三个问题是：你们的汽车爆的是哪个胎？在哪个维修店补胎？付了多少补胎费？

然后，主持者把25种处理方式翻译成几种语言，发给参加活动的202名学生，请学生评选出自己最喜欢的处理方式。结果，91%的学生选择了以色列的处理方式。[①]

8）巴黎的玫瑰

在巴黎的香榭丽舍大街上，洛希亚姑娘开了一个花店，平日里鸟语花香，生意兴隆。但是，1942年5月时，德军进驻巴黎，花店的生意一落千丈，无人问津，洛希亚很是伤心。她不是担心萧条的生意，而是担心人们沦落的生活。于是，她将店里所有的玫瑰花，还有她从他店里买来的玫瑰花，分送给左邻右舍。

洛希亚的玫瑰深深地感动了大家。第二天早晨，德军发现，几乎所有的巴黎女人都手捧鲜花，面带笑容，眼里充满了对生活的希望。

法新社记者当时以“玫瑰花的早晨”为题报道此事，远在伦敦的戴高乐将军和士兵们深受鼓舞。十年后，戴高乐将军专程来找洛希亚，赞美她是“巴黎的玫瑰”。

我们想想看，在当时，即使德军的枪炮淹没了玫瑰，生活还是可以选择的。人们选择了玫瑰。枪炮可以摧毁美好生活，却摧毁不了人们对美好生活的向往，也摧毁不了人们对未来的希望！

9）意见不一致并非坏事

欧洲曾经流行一种小型的投资俱乐部，亲朋好友聚在一起，合伙拿出一笔钱来，一起做投资或者买卖股票。结果发现，当俱乐部的成员之间关系很好时，常常聚在一起烤肉喝酒，举行家庭聚会，那么投资效果通常都很糟糕。相反，当俱乐部的成员之间的人际关

---

① 郑尚．最受欢迎的教育方式．读者，2004，(23)：58

系紧张，总有人处在对立状态时，那么投资效果反而很好。

意见的不同对一个社团、一个公司或一个家庭来说都非常重要。如果所有的人想法都一样，意见完全一致，实际就变成了一个脑子，他们做出的决策往往会有各种盲点和问题，后果自然将非常危险。

想一想，这是为什么？

4 博弈思维

我国古代就有“先下手为强”的说法。的确，在有多个“纳什均衡”的情况下，常常是先动手的一方会占一些优势。但是，在现实生活中也有很多后动优势的例子。

情侣博弈

大海和小丽正在热恋中，期盼的周末又到了，又该约会了。碰巧的是，周末晚上有一场足球赛，是世界杯小组赛中中国队和巴西队比赛；同时，还有一场芭蕾舞剧，是俄罗斯著名芭蕾舞剧团在该市演出芭蕾舞剧《胡桃夹子》。大海是个超级球迷，何况是国家队和心中偶像巴西队的比赛，岂肯放过？小丽早已对俄罗斯的芭蕾舞剧崇拜得五体投地，岂能错失良机？那么，一个在家里看电视转播的足球赛，一个去剧院看芭蕾舞剧，不就得了？问题在于，他们是热恋中的情侣，分开度过难得的周末又是他们最不乐意的事情。

那么，他们怎样安排这个周末呢？他们将面临一场“博弈”。情侣博弈有两个“纳什均衡”：或者一起看足球，或者一起看芭蕾。但是，最后究竟花落谁家？这正是博弈论将要解决的问题。

在这种情况下，往往体现先动优势，先行动的一方得益多一些。比方说，两人还没商量，小丽就打电话告诉大海：我已经买了票，周末一起去看芭蕾，好吗？他们是恋人，小丽已经开口说了，大海很难不给面子。如果你觉得没有经过商量就买了票有点过分，那么，也可以这样做：小丽打电话给大海，建议一起去看芭蕾，得到同意后去买票。你想，大海接到小丽的电话，也很难不给面子。

◆ 博弈思维的内涵

1944年冯·纽曼和奥斯卡·摩根斯坦恩创作的《博弈论和经济行为》一书的出版，标志着博弈论的产生。1994年诺贝尔经济学奖授予纳什、泽尔滕和豪尔绍尼三位博弈论专家，2005年诺贝尔经济学奖再次授予两位博弈论专家罗伯特·奥曼和托马斯·谢林，从而激发了人们研究和应用博弈论的热情。现在，博弈论已应用到社会学、人类学、政治学、心理学、公共关系学、国际关系学等社会科学的各个领域。

博弈是指当事人之间的竞争与合作关系。博弈论就是研究博弈行为规律的科学，即当一个主体的选择受到其他主体选择的影响时，这个主体应当采取何种策略才能取胜的理论和方法。博弈论认为，人是理性的，人人都会在约束条件下最大化自身利益。因此，博弈论将教会人们怎样在经济行为中扬长避短。

数学大师纳什对博弈论的精彩表述是：如果4个男生都去追1个漂亮女生，那她一定会摆足架子，谁也不搭理；这时男生再去追其他女生，别人也不会接受，因为没人愿意当次品。但是，如果4个男生先去追其他女生，那个漂亮女生就会感到被孤立，这时再追她就简单多了。

博弈思维是指：在现实生活中，尤其在有利益关系的社会中，主体各方采取何种策略来战胜对方，以达到利益最大化的思维方法。博弈思维的精髓就在于提供预先判断，使决策者知道用何种方法可以达到最佳效果。

在现实社会中，竞争无处不在，无时不有。应用博弈思维，在竞争的基础上进行更广泛、更深入的合作，以达到和谐发展、共同繁荣。

◆ 博弈思维的科学基础

（1）根据混沌理论，确定性与随机性、简单性与复杂性、有序与无序、整体与部分、竞争与协同是矛盾统一体，是对立的统一，两者互补共存，缺一不可。

对立统一规律是事物发展的源泉和动力。毛主席说过，矛盾着的对立面又统一，又斗争，由此推动事物的运动和变化。正因为事物的对立面能够达到统一，才使得事物之间处在永恒的普遍联系和运动发展之中。正因为事物的普遍联系性，才能相互利用，相互合作，各取所需，共同生存，共同发展，达到统一。同时，要在统一中看到对立，想到对方，了解对方，知己知彼，百战百胜。

系统处在混沌状态时，组成系统的各个模式也可能以等权互补的耦合方式共存。

（2）哈肯的协同学第一次把竞争与协同引进了非线性科学。根据协同学，开放系统中的变量可分为慢变量和快变量，这些变量都想成为支配力量。由于快变量变化快，很快就衰减了，竞争的结果，慢变量取得了支配地位，支配着系统的动力学行为，都听它指挥，协同它工作，就像美国的总统选举一样。

根据协同学，世界是多元竞争与协同的统一。

（3）孤立子是非线性效应和弥散力相互作用而平衡的结果。两种对抗因素的巧妙平衡为孤立子的形成提供了条件。所以，孤立子是系统稳定性的一种新方法。

◆ 博弈思维的分类

1）零和博弈思维

零和博弈思维：在互不相容的利害关系中，主体各方如何获胜的思维方法。在零和博弈中，一方所得，另一方必失，或者说一方获胜，另一方必败。当事人之间的利害关系，没有调和的余地，非要拼个你死我活。例如，猜拳、股票、赌博、打球等都是零和博弈思维的例子。表3-1是对猜拳的分析。表格中各栏左侧的数字表示自己的得分，右侧的数字表示对手的得分。在猜拳表格中，一方得益总是伴随着另一方损失，任一栏中两者得利之和都是零，这就是典型的零和博弈思维。

表3-1 猜拳

自己\ \对手	石头	剪刀	布
石头	0\ \0	1\ \-1	-1\ \1
剪子	-1\ \1	0\ \0	1\ \-1
布	1\ \-1	-1\ \1	0\ \0

注：1为胜；-1为负；0为平局

2）非零和博弈思维

非零和博弈思维：有利害关系的当事人之间可以包容与协作，有问题可以商量解决，使各方都获得了相对满意的结果，如“囚徒困境”就是典型的非零和博弈思维。

话说警察把甲和乙两个嫌疑犯抓起来隔离审查，不许他们之间交流信息。警方规定：如果其中一个囚犯坦白而另一个拒绝招供，那么坦白者将因揭发有功而被免于处罚，并获得5000美元赏金，顽抗者则将被判十年徒刑；如果两人都坦白，则各判五年；假如都不坦白，两人就会因证据不足而被无罪释放。

我们推测，如果甲乙之间互不合作，那么，无论对方选择坦白还是抗拒，自己选择坦白最有利：如果对方坦白，那么自己坦白要比抗拒少判五年徒刑；如果对方抗拒，那么自己坦白要比抗拒多收入5000美元赏金。

但是，如果二人合作，都选择抗拒，那么他们都会被无罪释放！可见，合作策略是上策。

囚徒困境博弈表明，对竞争对手意图的准确了解至关重要。双方通过合作，共享获利。

“囚徒困境”思维方式在市场竞争、环境保护、资源利用、项目投资、校园赃车等方面得到了广泛应用。

在经济学中，“小熊捕鱼”也是“纳什均衡”的例子。

在美国麦克尼尔河瀑布的附近，生活着成群的棕熊，它们经常在夏天到瀑布那里去捕食鲑鱼。大棕熊自恃力量强大，总能占据有利的捕食位置。而鲑鱼喜欢向瀑布上游跳跃，以便获得更多的氧气，大棕熊便站在瀑布上游，等鲑鱼一跃起，棕熊立即张开嘴巴，鲑鱼就会跌落到棕熊的嘴里。可是，小棕熊就只能站在不利捕食的位置，有的甚至连不利的位置也轮不上。眼巴巴地看着大棕熊吃得津津有味，而自己却没份。于是，小棕熊便开始钻空子捕食。

只要大棕熊一叨到鲑鱼，其中一只小棕熊便立即攻击它，大棕熊一看到小棕熊到来，便本能地张口还击。结果，就在大棕熊张开嘴的一刹那，鲑鱼便掉到了河里，而这时的鲑鱼由于被大棕熊咬伤，掉到河里后便顺水漂流而下，站在下游的其他小棕熊便一口叨起漂流下来的、受伤的鲑鱼，转身就跑了。而站在下游的小棕熊又互相轮换，这样小棕熊都能吃到鱼。

“小熊捕鱼”给我们的启示是：与强大的对手竞争时，不能在大处相拼，只能从小处着手，在小细节上下工夫。而这些小细节正好是强者的弱点，他们要么无暇顾及，要么忽视了这些小细节。而这些小细节一旦做精做细了，就有了立足之地。所以，弱者利用强者的弱点“钻空子”，不失为弱者的生存之道。

因此，如果你是一个大公司，在行业市场中占主导地位。你的策略应当是：接受小公司。利用主导品牌，积极地去开拓市场，不要浪费资源与小企业竞争，除非他对公司构成了真正的威胁。如果你是一个小企业，你的策略应当是“搭便车”。让大企业先开发市场，等大企业将市场开发成熟以后“搭便车”，这将对小企业十分有利。这样一来，大小企业共同生存，和谐发展。

非零和博弈思维的好处在于：通过协商与妥协使博弈各方的利益都可达到相对最大化。与零和博弈相比，非零和博弈思维所崇尚的智慧与和谐都是我们所向往的。

◆ 博弈思维的特点

博弈思维的特点是：在处理主体各方有利益关系的问题时，必须考虑各方的利益，达到竞争与妥协的平衡，使主体各方互利共赢。这是博弈论分析问题的基础，也是博弈思维的特点。[①] 博弈思维对我们有以下启示。

1）竞争与妥协需要平衡

人很少独自生活。人的生活是建立在家人、同事、贸易伙伴等各种人际关系之上的。人和人交往时，了解对方，考虑对方的立场和心情，这是很重要的。

---

① 〔日〕松井彰彦．博弈论的现实运用．xxfr@ xinhuanet. com［2005-10-12］

就拿贸易谈判来说，当事者常常为应该选择强硬还是应该选择妥协而苦思冥想。博弈理论指出，击败对手对自己未必有利。就像在拔河中，双方都用尽力气想把对手拉过来。但在谈判中，双方之间不是绳子，而是极易断的细线。如果双方都拼命拉，线就会断，谈判就会破裂，结果是鸡飞蛋打，或者是鹬蚌相争，渔翁得利。所以在贸易活动中把握好竞争和妥协的分寸是必要的。

经济全球化的发展把世界连成了一体，各国经济的发展相互依存，相互渗透；经济决策往往是一荣俱荣，一损俱损。这就决定了不同国家既要竞争又要合作，还要不损害第三方的利益，那么，只能是互利共赢。

2）过度竞争降低效率

表3-2是对小鸡博弈的分析。与零和博弈理论不同，表3-2各栏中两者得利之和不再是零。在这个博弈中，如果对手强硬，自己将不得不妥协。如果此时自己不妥协，其得利更低。相反，如果自己威胁将采取强硬对策，有可能使对手妥协。结果表明，过度竞争降低效率。

表3-2　小鸡博弈

自己＼＼对手	妥协	强硬
妥协	2＼＼2	1＼＼3
强硬	3＼＼1	0＼＼0

注：斜线左边数字表示自己得利，右边数字表示对手得利

3）长期关系利于双赢

在囚徒困境中，背叛的诱惑力非常大，所以共犯间很难实现合作。但是，在重复博弈的情况下可以实现合作。在重复交往的前提下，如果今天因背叛对方而获利，明天对方就不会再合作了。那么，在持续发生背叛的情况下，博弈各方就会达成协议，大家都要合作，

如果哪一方背叛就解除合作关系。这就告诫我们，建立长期关系的重要性。

◆ 博弈思维应用举例

1）伤痕实验

美国某大学的科研人员进行过一项有趣的实验，名曰“伤痕实验”：每位自愿者都被安排在没有镜子的小房间里，由好莱坞的专业化妆师在其左脸做出一道血肉模糊、触目惊心的伤痕。自愿者被允许用一面小镜子照照化妆的效果后，镜子就被拿走了。

关键是最后一步，化妆师表示需要在伤痕表面再涂一层粉末，以防止它被不小心擦掉。实际上，化妆师用纸巾偷偷抹掉了化妆的痕迹。但自愿者对此却毫不知情。

然后，把自愿者派往各医院的候诊室，观察人们对其面部伤痕的反应。

规定的时间到了，返回的自愿者竟无一例外地叙述了相同的感受：人们对他们比以往粗鲁无礼、不友好，而且总是盯着他们的脸看。

实际上，他们的脸与往常并无二致，什么也没有。他们之所以得出那样的结论，看来是错误的自我认识影响了判断。

这真是一个发人深省的实验。原来，一个人在内心怎样看待自己，在外界就能感受到怎样的眼光。正如一句西方格言：别人是以你看待自己的方式看待你。不是吗？一个从容的人，感受到的多是平和的眼光；一个自卑的人，感受到的多是歧视的眼光；一个和善的人，感受到的多是友好的眼光；一个叛逆的人，感受到的多是挑衅的眼光……可以说，有什么样的内心世界，就有什么样的外界眼光。这正是：佛者见佛，魔者见魔。佛由心生。

2）感谢对手

非洲大草原奥兰治河两岸都有羚羊群，但东岸的羚羊群比西岸的羚羊群要健壮得多，不但比西岸的羚羊群繁殖能力强，而且比西岸的羚羊群跑得快得多。同样的生存环境，何以产生如此大的差异呢？一位动物学家经过实地考察，终于弄清了原委：原来，在东岸隐居着一个狼群，羚羊随时都有被吃掉的危险，不得不经常拼命逃跑，久而久之就练出了强健的体魄、快速的奔跑，繁殖力自然就强了；西岸的羚羊因为没有天敌，过着悠闲的日子，养尊处优，体弱多病，当然就差多了。

没有天敌的动物往往最先灭绝，没有对手的帝国也会很快灭亡。汤武因有残暴的桀纣这个敌人，才获得广泛的拥护者而得天下。刘邦因有强大的敌人项羽才不断发展壮大，最终打败了项羽。再换个角度来看，使强大的罗马帝国、强大的秦王朝灭亡的原因，主要也是因为没有强大的对手，它们才横行霸道，无法无天，走向了灭亡的不归之路。当今，以色列的强盛就是得益于强敌环伺。这样，就时刻有一种危机感，逼着它发展，逼着它强盛。否则，就会被消灭。

许多的人都把对手视为心腹大患，恨不得马上除之而后快。其实，换个角度一想：拥有一个强劲的对手反而是一种福分，一种造化。因为一个强劲的对手，会让你时刻有种危机四伏的感觉，从而激发你革故鼎新，激发你锐意进取，激发你更加旺盛的精神和斗志。美国之所以发展强大，当然离不开它老给自己找对手的战略。

善待你的对手吧！千万别把他当成“敌人”，而应该把他当做是你的警示者，激励你全力以赴，勇往直前！

3）赚钱的道理

古印度有一位国王打算重赏他有功的宰相。宰相便请求国王在棋盘上摆麦粒，第1格摆1粒，第2格摆2粒，第3格摆4粒，照这样摆下去，然后把棋盘上所有的麦粒赏赐给自己。

国王想都没想就慷慨地答应了。他很快就发现，即使拿来全印度的小麦也无法兑现！

按照市场机制，每个麦粒的名字叫“个人利益”，每个格子的名字叫“交换”。人与人之间通过货币交换，换取自己想要的东西，1人传1个，2人传4个，4人传8个，8人传16个……每个人的利益像麦粒，摆到“交换”的格子中进行交换。这种交换一旦开始，就会像级数一样疯狂增长！所以，在没有交换的情况下，任何谋求个人利益的行为，都会损害其他人的利益！在有存在交换的情况下，一个人想得到别人的东西，就要到另一个格子中去，用自己的东西去交换别人的东西。这就是客户价值精神：你只有提供别人想要的，才能从别人那儿交换到你想要的。

因此，价值是由交换创造的，为交换而生产是价值的源泉。这就是伟大的市场经济的精髓①。

在市场经济中，劳动价值是由客户决定的。所以利益是从客户的认可中来，为客户着想的人，才能获得最大利益。可见：交换背后其实是一种双赢博弈，利他就是利己。这就是市场经济中一个成功者必备的素质。

对一个公司来说，如果从市场经济的角度看问题，那么公司与员工之间就是互利互惠的利益关系，公司用工资与员工交换，员工用业绩与公司交换。在这个意义上，业绩不仅是员工自我价值的衡量，而且是公司对员工投资的回报。由此可见：一个成功的领导者最重要的素质就是关心员工的利益。换句话说，公司真正强大的不是它的机器，而是它的员工！一旦公司把投资重点从机器转移到员

① 姜汝祥．为什么他是富人．商界，2008，(5)

工身上，将会产生意想不到的巨大效益。

4）诡辩学家的对弈

普罗塔哥拉是希腊第一个最有名的诡辩学家，他一生因传授诡辩学而著名。虽然学费昂贵，但由于他知识渊博，求学者仍不乏其人。

一次，青年爱瓦特尔来到普罗塔哥拉处拜师求学，并说："只要老师收我为徒，我一定好好学习。我学成后当上律师，只要第一次出庭胜诉，我一定付给你一大笔钱。"普罗塔哥拉就收爱瓦特尔为学生，并按其意思签订了一份合同。从此之后，普罗塔哥拉每天给爱瓦特尔教授诡辩学，爱瓦特尔认真学习，仔细领会。一年之后，在双方的教学辩论中，普罗塔哥拉经常理屈词穷，甚至哑口无言。普罗塔哥拉就对爱瓦特尔说："你已经完成学业了，可以去当律师了。不过，别忘了应该付我一大笔学费。"爱瓦特尔只说："按合同上规定的条文办事，等第一次出庭获胜后付学费。"

爱瓦特尔当上律师后，并不替人打官司，拖欠的学费自然也不付。普罗塔哥拉被逼无奈，便向法庭起诉爱瓦特尔。在法庭上，他对爱瓦特尔说："如果你在此案中胜诉，你应该依照合同向我交付学费；如果你败诉，你就应该依照法院判决付给我学费。总之，无论你是胜诉还是败诉，都应该付给我学费。"普罗塔哥拉这番话早已在爱瓦特尔的意料之中。为此，爱瓦特尔不动声色，诡秘地笑了笑，用学到的诡辩学回敬道："如果我胜诉了，依据法庭判决，我当然不必付学费；如果我败诉了，依据合同，也不必付学费。所以，无论我是胜诉还是败诉，都用不着给你付学费。"普罗塔哥拉在诡辩的学生面前无言以对。

精明的法官识破了爱瓦特尔设置的思维陷阱，决定将计就计，帮助普罗塔哥拉渡过难关。首先，法官撤销了普罗塔哥拉的第一次起诉，并准许他提出第二次起诉。在第二次起诉中，法官判决普罗塔哥拉胜诉。这样，爱瓦特尔就算赢得了第一次诉讼，而在第二次诉讼中却败诉，结果是：无论根据合同还是根据判决，爱瓦特尔都必须付给老师学费。爱瓦特尔赖学费的预谋就这样失败了。

5 迂回式思维

◆ 迂回式思维的内涵

迂回式思维，就是在解决问题遇到困难时，可采用间接的、侧面的或外围的解决方案，绕过正面遇到的障碍，从而使问题得到解决。在很多情况下，人们在做事或搞发明创造活动时常会遇到一些暂时无法直接解决的问题。这时，应开动脑筋，另辟蹊径，不妨试着变换一下方法，有意关注下一个或另一个与该问题有关的侧面或外围问题，这样可能会受到启示，从而使原来的未知问题迎刃而解，这就是迂回式思维。

发票刮奖的做法就是一种迂回式思维。我们知道，税收是政府的经济来源，取之于民，用之于民。任何一项交易活动都要缴税，这是税收的原则。然而，有些个人或企业为了自身的利益想方设法偷税、漏税。因此，为了防止偷税、漏税，税务部门采取了一种间接策略：设立“发票刮奖”活动。

众所周知，向消费者提供发票是企业的义务，索要发票是消费者的权利。但某些企业为了少缴税，找各种理由不给顾客发票。而大部分消费者索要发票的意义不大，也不强求企业提供发票，这就为企业逃税留下了漏洞。

“发票刮奖”的设立便是一个防止偷税、漏税的有效方法。政府通过宣传，告知消费者，企业不给发票是违法行为。对消费者来说，索要发票是应该的，而且幸运的话，还可能刮到大奖。对政府来说，通过设立“发票刮奖”将使全社会主动监督企业，防止偷税、漏税，增加了政府税收。对企业来说，只是做了它应该做的事——缴税。

◆ 迂回式思维的科学基础

（1）从数学角度讲，非线性关系就是自变量和因自变不是“水涨船高”的线性关系，而是“一波三折”的曲线关系，有绕道而行之意。也就是说，在几何上，线性关系是直线关系，非线性关系是曲线关系。

（2）在相空间，伸缩变换使诸轨线族维持在有限范围的吸引子上，折叠变换则使吸引子具有层次结构。同时，伸缩变换使初始条件的微小变化增大，折叠又使相距很远的轨迹会合，丧失了初始条件所包含的关于系统的信息。因此，伸缩与折叠变换是一种混沌操作，这样形成的吸引子叫做奇异吸引子。如果把伸缩变换这个科学术语换成生活用语，那就是：大丈夫能伸亦能屈。

（3）一般来说，实际的非线性问题“个性很强”，没有解析解。但是，根据散射反演方法，对非线性方程，通过一系列线性变换，可化为具有解析解的线性方程，从而可间接地解出一些非线性方程。

（4）人类的认识往往也经历着从原始的混沌到有序，再从有序到新的非线性动力学混沌的过程，呈现螺旋式发展的态势。这种以否定之否定规律产生的新事物貌似以前的它，但与以前的它又不完全相同，相对于以前而言，是一种进化，是螺旋式上升，是迂回式发展。

平时所说的“欲进先退”“欲擒故纵”“过犹不及”“欲速则不

达”等就是迂回思想的体现。在这里，“退”是一种调整，是为了更大步地前进。也就是说，使劲往上抛球时可以把球抛到高处；狠狠往下砸球时，利用反弹力，同样可以把球送到高处。不同的是，前者是直接的，后者是间接的。可谓是条条道路通高处。

◆ 迂回式思维的特点

迂回式思维的特点是：非线性、间接性和迂回性。非线性是指，迂回式思维不是直线思维，而是曲线思维；曲线思维的定量表示就是非线性关系。间接性是指，在解决问题时，直接方法暂时行不通或遇到困难时，可采取非直接的方法使问题得以解决。迂回性是指，正面交锋遇到障碍时或代价太大时，可绕道而行，以屈求伸，甚至事半功倍。

迂回式思维委婉、浪漫又灵活，不但更具有智慧，而且更具有艺术性。例如，有一个小男孩养了一只小乌龟，平时喜欢和小乌龟玩。在一个寒冷的冬天，小男孩总想让小乌龟伸出头来，他尽其所能，想了各种办法，也未能如愿。他试着用手去拍打它，用木棍棍去敲击它，大声吓唬它……但任凭他怎么拍、怎么敲、怎么喊，都无济于事。小乌龟还是一动不动，气得他整天噘着小嘴，很不开心。

他的祖父看到了这一幕，笑了笑，帮他把小乌龟放在了暖炉上面。过了一会儿，小乌龟便因温暖而渐渐地把头、四肢和尾巴伸到了壳外。

小男孩见此开心地笑了。他的祖父对小男孩说：“当你想要让别人按照你的意思去做，去改变时，记住不要采取攻击的方式，而要给他关怀和温暖，这种方法往往更有效。”也就是说，要说服一个人，最好的办法就是为他着想，让他也能从中受益。

温暖地待人，你将会得到意想不到的结果。

◆ 迂回式思维应用举例

1）孟买佛学院上的第一堂课

孟买佛学院是印度最著名的佛学院之一。这所佛学院之所以著名，不仅在于它久远的历史、辉煌的建筑、培养的著名学者，而且还在于有一个看起来平凡，实际上影响深远的微小细节：孟买佛学院在它的正门一侧，又开了一个小门，小门只有 1.5 米高，40 厘米宽。一个成年人要想过去，必须学会弯腰侧身，要不然就只能碰壁了。

这正是孟买佛学院给学生上的第一堂课。所有新来的人，教师都会引导他来到这个小门，进出一次。很显然，所有的人都是弯腰侧身进出的。教师说，大门当然能够让一个人很体面、很有风度地出入。但是，很多时候，我们要出入的地方并不都有着壮观的大门，或者有大门也不是随便可以出入的。在这个时候，只有学会了弯腰侧身的人，只有暂时能放下尊贵和体面的人，才能够出入。否则，你就只能被挡在大门之外了。

佛学院的教师告诉学生，佛家的哲学就在这个小门里，人生的哲学也在这个小门里。正如耶稣所说：“你们要走窄门。”

人生之路，尤其是在通向成功的路上，几乎所有的门都是需要弯腰侧身才可以进去的。所以，懂得适时退一步，才能走得更远；懂得谦卑之后，才能跃得更高。

2）舌与牙

常拟是古代一位很有学问的人。在他生命垂危的时候，老子来到他的床前问候说：“老师您还有什么要教诲弟子的吗？”

常拟张开嘴让老子看，然后说：“你看我的舌头还在吗？”

老子大惑不解地说：“当然还在。”

常拟又问："那么我的牙齿还在吗？"

老子说："全部落光了。"

常拟目不转睛地注视着老子说："你明白这是什么道理吗？"

老子沉思了一会儿说："我想这是过刚的易衰，而柔和的却能长存吧？"

常拟点头笑了笑，对他这个杰出的学生说："天下的许多道理几乎全在其中了。"

3）发现财富的眼光

第二次世界大战刚结束，战胜国决定在美国纽约建立联合国。一切准备就绪之后才发现，这个全球最具权威性的国际性组织竟然没有立足之地。特别是联合国机构刚刚成立，身无分文，办公楼建在哪里？在寸土寸金的纽约，要买一块土地谈何容易。经过战争浩劫，谁也没有多余的钱。联合国筹备人员对此一筹莫展。

听到这一消息后，美国著名的洛克菲勒财团立即商议，果断投资870万美元，在纽约买下一大片土地，无偿赠送给联合国。同时，洛克菲勒财团也将这块土地周边的地段全部买下。

消息一传开，美国各财团舆论哗然，都嘲笑洛克菲勒家族，"这简直是愚蠢之举！"纷纷断言："如此下去，用不了10年，著名的洛克菲勒家族财团必然会沦落为著名的洛克菲勒家族贫民集团。"

然而，出人意料的是，联合国大厦刚刚完工，联合国事务就开展得红红火火，那块土地立即变成了全球的一块热土，洛克菲勒财团所购买的土地价值持续飙升，获得的利润相当于所赠土地价款的数百倍。那些当初嘲笑洛克菲勒财团的大亨们羡慕得目瞪口呆，只能自嘲目力不济了。

洛克菲勒的碑文解开了他的发迹和致富之谜："我们身边并不缺

少财富，而是缺少发现财富的眼光。”

4）裁决

伦敦巷口有一疯汉手舞足蹈，激情讲演，声称要烧掉白金汉宫，绞死大臣，听众围堵，交通阻塞。

一位警察过来说：“诸位，赞成烧掉白金汉宫的站到这边来，赞成绞死大臣的站到那边去，留出中间的路让行人通过。”全场大笑，人群顿时烟消云散。英国人以他富有的幽默与智慧使一场场面火爆的交通阻塞在一笑中轻松化解。

5）化妆

一日，公司老总来到公关部，阴沉着脸对老牛说：“我已经多次接到客户的反映，说你们部里有些人在上班时间化妆，你这个主任是怎么管的？”老总走后，女士们猜想必遭老牛一顿痛骂。不料，老牛却说：“别听他的，大家应该化妆！”女士们一片欢呼。老牛接着说：“长得不给力，还不让人家化妆，岂有此理！”从此以后，公关部再无一人当众化妆了。

6）请来一份 Sony

二战结束后，小松万丰带着 Sony 的第一款半导体收音机来到德国开发市场。他原以为：德国与日本同是战败国，更容易接受他们的产品。万万没想到，德国的半导体收音机非常先进，几乎没有人会购买来自其他国家的同类产品。

从在德国搞销售的第一天起，小松万丰就养成了一个习惯，每到一个餐馆吃饭的时候，都会对服务员说：“请来一份 Sony。”当然，服务员总会露出不解的表情。

一年过去了，小松万丰在美国开发市场的同事已经取得了显著的成绩，可在德国，他却连一台都没有卖出去。于是，小松万丰更加努力地开始了新一轮艰难的销售活动。

一年后的圣诞节，Sony 品牌的半导体收音机在德国销售火暴，人们纷纷将其作为圣诞礼物送给亲人。小松万丰终于打开了德国市场。

这个时候，小松万丰又一次走进一家德国餐馆，坐下来，对服务员说："请来一份 Sony。"这次服务员回答他："Sony？Sony 不是收音机吗？"

小松万丰终于露出了胜利微笑，这才是他多年来梦寐以求的答案。

6 转化式思维

"9·11"周年那天，精神航空公司首席执行官雅各布·肖尔宣布："如果不是乘客在'9·11'后对我们公司的支持，精神航空公司也许早就破产了。为了答谢大家的支持，公司决定9月11日这天公司所有航班的机票免费。"

没想到，第二天精神航空公司机票预定中心的电话就响个不停，公司网站也因为访问者过多而发生"大塞车"，很快就接到了超过10万个订票申请。该公司提供的所有免费机票被预订一空。

虽然免票活动将给公司带来50万美元的损失。然而，美国大小媒体最近都在报道精神航空公司"独树一帜"提供免费机票的事情，一时间，"精神航空"成了媒体上出现频率最高的公司。这样的宣传效果，绝非50万美元可以达到的。可以说，精神航空已经从一个名不见经传的小公司，一跃成为全美著名的"爱国航空公司"。

这一招使精神航空公司成为全美9月11日上座率最高的航空公司。相比之下，美国多家大型航空公司——美洲、联合、三角等以及经营美国航线的英航、法航等公司，因在"9·11"周年那天的订座率非常低，不得不宣布减少9月11日航班的计划。

精神航空公司与众不同，悟出了危机可以转化为商机的道理，并且抓住机遇，适时转机，从而践行了危机共存的真言。

值得一提的是，对“9·11”事件人们始终存在着不同的看法。美国官方认为“9·11”事件是恐怖分子所为，另一种看法则认为“9·11”事件是美国自导自演的骗局①。持后一种看法的人越来越多，比如，欧洲议员、意大利著名政论家朱里耶托·基耶扎的新作《微不足道的人》刚一面世就成为畅销读物。该书以大量材料证明，美国官方关于“9·11”事件的说法是虚伪的，“9·11”事件是美国人自己策划的骗局，是美国自己雇佣恐怖分子制造的恐怖事件。

那么，华盛顿为什么要这样做呢？基耶扎说：“我的结论是：‘9·11’事件扭转了世界形势与历史，从此开始了无休止的战争。美国需要利用战争来保持自己在世界上的主导地位。美国人意识到，美国的历史发展陷入危机时期，其在西方的领袖地位也遭到怀疑。于是华盛顿的‘鹰派’决定，必须转而采取武力手段捍卫自己的利益，以便重新把西方团结在星条旗下。这就需要演戏了，美国需要成为受害者，这样整个世界才会感到团结的必要。”“很显然，‘潜藏’在美国机构中的数百人参与了行动。”

美国《时代》周刊曾评选出了历史上流传最广、最有影响力的“十大阴谋论”，“9·11”事件名列前茅。其中，美国最顶尖大学的几十名教授和科学家成立了一个名为“揭露‘9·11’真相”的专门组织。该组织在调查报告中写道：“喷气式客机燃烧时产生的火焰不足以完全破坏世贸双塔的结构，不能导致双塔最后全部坍塌。在

① 〔俄〕美国自己雇佣恐怖分子制造了9·11事件．共青团真理报，2008-02-26

世贸中心废墟上发现的熔化金属是一种高温铝热剂所致。"[①] "五角大楼在'9·11'事件中并未遭到飞机的撞击，爆炸是由五角大楼内发射的一枚导弹所引发的。五角大楼现场没有发现美国航空公司747客机的残骸，政府对爆炸的首批报道进行了歪曲。"[②] 这些科学家依此质疑政府的解释，并推断极有可能是美国政府为了大举入侵阿富汗、伊拉克而制造了这个骇人听闻的巨大阴谋。

◆ 转化式思维的内涵

转化式思维就是始终保持积极向上的心态，想方设法促使问题由坏变好，或转危为安。《左传·襄公十一年》中说："居安思危，思则有备，有备无患。"在危机未出现时，要有防范意识，建立危机应急机制；当危机出现时，要正视危机、控制危机、化解危机、发现机遇，转化危机。因此，没有危机感才是最大的危机。

1997 年的亚洲金融风暴，既给中国带来了灾难，也给中国带来了机遇。中国领导人以敏锐的政治嗅觉，从国家发展的战略高度出发，采用正确的经济手段，不但化解了危机，粉碎了国际金融投机势力搞垮亚洲经济的企图，而且为中国经济发展带来了新的机遇。

1997 年 5 月中旬，亚洲金融风暴始于欧美投机资金抛售泰国货币，泰国政府当时全力购买本国货币，但到了 7 月已经无力继续支撑。紧接着，菲律宾、印度尼西亚、马来西亚的货币也纷纷大幅度贬值。到了 11 月，危机已经蔓延到韩国和中国。但是，在危机的关键时刻，中国并没有参与货币贬值的竞争，而是力挺人民币不贬值，并且尽力帮助东南亚各国共渡难关。很显然，中国的真诚举措有力

---

① 梁杉. 时代杂志盘点十大阴谋论：9·11 系美国政府制造. http://news.sina.com.cn/w/2009-08-02/071416052794s.shtml [2009-08-02]

② 宋华. 英报列举网上流传十大阴谋说 9·11 袭击上榜. http://www.taihainet.com/news/gjnews/2009-06-09/416471.shtml [2009-06-09]

地阻止了危机的继续蔓延，对稳定亚洲货币起到了关键作用，赢得了世界爱好和平的人民的高度称赞。

当时，欧美各国纷纷指责：“开放性不足和民主主义的不充分这种亚洲国家的特殊性导致了危机。”但是，紧接着俄罗斯和巴西也出现了货币危机。事实证明，欧美的说法是无稽之谈，其动机值得怀疑。

2007年，亚洲金融风暴10周年之际，美国中国问题专家罗德明认为：“亚洲金融危机给蜷缩在大陆上的中国插上了翅膀。金融危机发生以后，海外投资的方向从东南亚转向中国，中国经济抓住了飞跃的机会。”欧洲各大报刊指出，没想到，亚洲金融风暴反让中国真正受益。这正是：“黑夜给了我黑色的眼睛，我却用它寻找光明。”(顾城)

◆ 转化式思维的科学基础

（1）在非线性系统中，确定性与随机性、简单性与复杂性、线性与非线性、有序与无序等，是对立统一体，它们相互依存、相互竞争。随着条件的变化和相互作用形式的变化，它们在系统中的主导地位可互相转化。

居安思危就是从“安危相易”“祸福相倚”的哲学道理中引申出来的。中国古代的老子曾说过：“祸兮福所倚，福兮祸所伏”，这就是说，事物是能够转化的。所以，事物的相互转化是个永恒的真理。

（2）混沌控制就是使蝴蝶效应为你所用。利用蝴蝶效应，把危机转化为发展机遇。

美国总统肯尼迪有一句名言：“在中文里，‘危机’这个词是由两个字组成的，一个是‘危’，一个是‘机’，说明在危机中有生机的道理。”可以说，世界上任何危机都孕育着生机和商机，而且危机越重，生机和商机就越大，这是一条颠扑不破的真理。这就要求我们在战略上藐视危机，在战术上重视危机。审时度势，主动出击，把握和寻找蕴藏于危机中的生机和商机。一句话："把危机浪费掉太可惜了。"（拉里·佩奇）

◆ 转化式思维的特点

转化式思维的特点是：预防性、控制性、转化性。简单地说，在平时就要有忧患意识和防范措施，居安思危，居危思安，有备无患，千万不要麻痹大意，尽量使危机不要出现，将危机消灭在萌芽状态。危机一旦出现，立即启动应急预案，及时处理，措施得当，转危为安，甚至转祸为福。在此期间，一定要心细、果断和有远见，万万不可粗心大意。危机过后，要及时总结经验教训，补充、强化应急预案，堵住所有可能的漏洞，以防危机再次出现。据不完全统计，2003 年至 2005 年 3 月，共有 24 865 名伊拉克人死于战火或恐怖袭击。其中，约 5000 人在侵略者的恐怖屠杀中丧生，约 9000 人死于暴力犯罪活动。尤其是美国入侵伊拉克后，恐怖袭击急剧增加。在这样一个人人朝不保夕的社会环境下，一些保险公司看到了机遇，创造性地推出了一项新的生命保险项目：恐怖袭击生命险。只要每年缴纳 35 美元，如果某人在恐怖袭击中丧生，他的家人就能得到 3500 美元的保险赔偿。

伊拉克传统的保险项目中没有恐怖袭击生命险的项目，不会对在汽车炸弹、自杀式袭击中丧生的人提供赔偿。但由于"市场前景广阔"，5 家私营保险公司和 2 家政府保险公司专门为恐怖袭击设置了保险项目。伊拉克国家保险公司负责人表示，在他们与客户交流时发现，很多客户都担心自己在恐怖袭击中丧生，使家人失去生活保障，因此保险公司顺应民意推出了恐怖袭击生命险。

◆ 转化式思维应用举例

1）安泰从地震灾难中看到了商机

1999 年 9 月 21 日凌晨 1 点 47 分，中国台湾发生了一场大地震。安泰人寿保险公司总经理潘樊昌利用这一危机，将危机看成机会，并将其转化为商机。当时他在香港，看到了 CNN 的新闻快报，立即打电话到台湾，指示马上成立应变中心。天明时，安泰紧急救援应变中心即告成立。几十个小时内，潘樊昌用电话指挥了整个救灾战役。

潘樊昌先从美国总公司争取到 100 万美元捐款，又从台湾安泰捐赠 1500 万台币，全部用来买救灾物资并分送给灾民。9 月 23 日，潘樊昌又宣布：安泰人寿将认领所有地震孤儿，每月发 1 万元津贴，一直抚养到 20 岁成年人；对继续升学的儿童一直抚养到大学毕业。在灾情一片混乱的时刻，连政府都不敢做出“认领孤儿”的长期承诺，这家外商企业却一肩扛下。在台湾人的心中，安泰就是自己的企业。从此，安泰的业务迅速扩大，灾难变成了商机。正如杨绛先生所说：“灾祸孕育智慧，苦难磨炼人品。”

2）绝境里的机会

智利北部有一个叫丘恩贡果的小村子，西临太平洋，北靠阿塔卡玛沙漠。在这里，太平洋冷湿气流与沙漠上的高温气流终年交汇，形成了多雾的气候。然而，白天强烈的阳光会使浓雾很快蒸发殆尽，雾气对这片干涸的土地似乎没有一点影响。

加拿大物理学家罗伯特来到这里，经过考察发现，这里到处蛛网密布。那么，为什么蜘蛛能在如此干旱的环境里生存呢？罗伯特觉得这里面一定有情况。他借助电子显微镜发现：蜘蛛网具有很强的亲水性，极易吸收雾气中的水分。而这些水分正是蜘蛛在这里生生不息的源泉。

既然蜘蛛网能吸收雾气中的水分，那么我们为什么不用人造蜘蛛网来截雾取水呢？说干就干。在智利政府的支持下，罗伯特研制出一种人造纤维网，在当地雾气最浓的地段排成网阵，使雾气被反复拦截，形成大量水滴，这些水滴滴到网下的流槽里，经过过滤、净化，就成了日用水源。

罗伯特的人造蜘蛛网平均每天可截水 10 580 升，浓雾季节每天可截水 131 000 升。不仅满足了当地居民的生活用水，而且可以灌溉土地。让这片昔日满目荒凉、尘土飞扬的荒沙长出了绿油油的庄稼。

这个世界上，从来没有真正的绝境，有的只是绝望的思维。因为，上帝在为我们关闭一扇门的时候，已悄悄地打开了另一扇窗户。

3）“熊猫眼”

2010 年 11 月的一个晚上，世界一级方程式赛车世界锦标赛的大老板伯尼·埃克莱斯下班后遭到歹徒袭击。歹徒对埃克莱斯一顿拳打脚踢后，夺走了他的钱包和手腕上的瑞士名表。

受伤的埃克莱斯被路人送往医院。入院时，医生为他拍摄了脸部特写照片。照片上，埃克莱斯鼻青脸肿，是名副其实的“熊猫眼”①。

出院后，埃克莱斯总是对自己被抢走的那块瑞士名表耿耿于怀。这块表是他花了 20 万英镑专门为自己定制的。想着想着，就想到了一个好主意。他与生产表的瑞士总部取得联系，告诉了他们自己被打劫的经过，并奉上自己被打成“熊猫眼”的那张入院照片，并在照片的背面写了一句话：“看看这些人干的好事，只是为了抢一块表。”他建议：用自己这张被打的照片为手表做广告。

手表厂家的董事会在看到这张照片和埃克莱斯的创意广告后，

① 李良旭．挨打后找到的商机．南国都市报，2011-04-14

被这个创意所表达出的“英国式幽默”深深折服。不久，埃克莱斯受伤后的“熊猫眼”大头照登上了手表的广告版。这个创意广告人人称奇，广为传播。

这个打没有白挨。一张被打成“熊猫眼”的照片给埃克莱斯带来了滚滚财源，早已超过了那块被抢的手表的价值。埃克莱斯感叹道：“商机无处不在，它往往就隐藏在不幸和灾难的背后。”

7 相似性思维

火车上，一位长着双眼皮的女列车员瞅着一个民工模样的中年人，大声说：“查票！”中年人从口袋里翻出车票，捏在手里。

双眼皮列车员怪怪地笑了笑说：“这是儿童票。”

中年人嗫嚅着说：“儿童票不是跟残疾人票价一样吗？”

双眼皮列车员打量了一番中年人，问道：“你是残疾人？”

中年人说：“我是残疾人。”

双眼皮列车员说：“把残疾证拿出来。”

中年人紧张起来，说：“我……没有残疾证。我没办法才买儿童票。”

双眼皮列车员冷笑了一下说：“没有残疾证，怎么能证明你是残疾人？”

中年人把鞋脱下来，将裤腿挽起来，露出他残疾的半个脚掌。

双眼皮列车员斜着眼看了看说：“我要看的是证件！”

中年人一副苦瓜脸，解释说：“我在私人工地干活，出事后老板跑了，我没钱到医院做评定，人家不给我办残疾证，这张半价票还是老乡们凑钱给我买的……”

列车长闻讯而来。中年人再一次向列车长说明情况，并让列车长看他的半个脚掌。列车长阴着脸说："我们有规定，只认残疾证；赶快补票吧，不要耍赖啦！"

中年人对面的一位老同志看不下去了，盯着列车长说："你是不是男人？"

列车长说："我当然是男人！"

老同志说："请把你的男人证拿出来给大家看看！"

周围的人轰地笑了起来。

列车长自信地拍了拍胸脯说："我一个大男人难道还有假？"

老同志说："这我就说不准了。不过，我和你们一样，只认证不认人。"

列车长卡壳了，一句话也说不出来。但也意识到了什么，给双眼皮列车员示意了一下，低着头，一块走了。

◆ 相似性思维的内涵

相似性是指同一事物的部分与整体，或不同事物之间具有某种程度上的相似。相似性反映事物在结构、功能、形态、性质、信息等方面的相似联系。相似性思维就是由一个事物或一种现象联想到与它有些相似的其他事物或现象的思维方式。相似性思维不仅使人们把某种程度上相似的事物联系起来，而且使人们对新事物或新现象的研究产生创意。

例如，对于钢铁锈蚀过去采用人工除锈，然后再涂上油漆，如此一遍又一遍地重复，劳民伤财且收效甚微。后来日本一家公司开发出"以锈治锈"的新技术，把一种含铬的化合物涂抹在钢铁制品上，经过一年多一点的时间，这种涂料就会在钢铁制品表面生成一层"安定锈"，能起到长期防腐防锈的作用。

又比如，1998 年，欧洲环境保护署能源交通部的佩德·延森，采用“以堵治堵”的方法，解决了欧洲长期存在的令人烦恼的城市交通堵塞问题。

◆ 相似性思维的科学基础

（1）分形是部分与整体以某种方式相似的形体。根据分形理论，分形结构中任何一个相对独立的部分（生成元），在一定程度上都是整体的再现和缩影，人们可以通过认识部分来认识整体。比如，全息照片、磁铁、野菜花、树木等，其部分与整体相似或大致相似。

（2）系统论从整体出发来确定各部分的性质，强调部分对整体的依赖性；分形理论从部分出发来确定整体，强调整体对部分的依赖性。二者互补，共同构成了一套完整的辩证思维方法。

（3）在不同的尺度下观测分形结构时，它的形态、复杂程度、不规则性等都具有尺度上的对称性。

◆ 相似性思维的特点

相似性思维的特点就是联想性和相似性。我们知道，不同的事物可能具有某种程度上的相似性，如现象相似、规律相似、性质相似、结构相似、功能相似、材料相似等，以此作为思维的起点；通过联想，从不同的角度去观察，从不同的尺度去比较，从不同的事物去寻找，找到它们之间的某种相似性；然后利用它们之间的相似性进行研究、发明、创新。

例如，美国人罗姆通过研究发现，女性裙摆的长短变化与股市的升跌变化具有相似性，股市投资者事业的成败可以从女性的着装中得到反映。[①] 他认为：“股市萧条时投资者自然无暇亲近女性，女

---

① 闻易．美国怪招测股市．国际金融报，2000-12-10

性的裙摆长度自然会增加；而股市一旦如日初升，女性的裙摆自然会随着男人态度的好转而变短，从而使自己更富有魅力。”1973 年，石油危机使美国的股市每况愈下，结果，1974 年美国女性的裙摆要比石油危机前平均长约 22 厘米。

再比如，瑞士男子伊夫·罗西身背喷气发动机“翅膀”可以像飞机一样飞行。罗西是航空公司的一名机长，曾在瑞士空军驾驶战斗机，他设计制造的飞行设备是一副装有 4 部小型喷气发动机的“翅膀”。2007 年 3 月 12 日，罗西在西班牙用装有小型喷气发动机的“翅膀”以 180 千米的时速试飞；2008 年 5 月 15 日成功飞越阿尔卑斯山。

◆ 相似性思维应用举例

1）仿生建筑

圣地亚哥·卡拉特拉瓦从天鹅优美的飞行姿势中受到启发，设计了美国密尔沃基艺术博物馆的遮阳穹顶。这个可移动的设计完全模仿了天鹅在飞行时的翅膀动作。

天鹅的翅膀

资料来源：仿生建筑方兴未艾．参考消息，2005-05-14

弗兰克·格里设计的巴塞罗那奥林匹克村入口处的雕塑的原型就是座头鲸。这种庞然大物虽然重达数吨，但它跃出水面的动作非常优美。为了在雕塑中模仿出这种线条优美的动物外形，格里使用电脑进行设计。

海洋巨人

资料来源：仿生建筑方兴未艾．参考消息，2005-05-14

北京奥运会主会场是迄今最大的环保型体育场。为了让它获得自然通风，建筑师从自然中获得了灵感，独创了一个未完全密封但能为观众和运动员遮风挡雨的外壳，犹如一个由枝条编织而成的鸟巢，被称为“当代中国最令人瞩目的标志”，由瑞士的赫尔佐格和德梅隆设计事务所及中国建筑研究院等共同设计。它利用尖端科技手段转变原材料和建筑物表面的视觉效果，实现了将“表皮”和“建构”融为一体的新建筑的梦想。美国《纽约时报》2008 年 8 月 5 日有文章称，鸟巢是建筑奇迹，能与罗马竞技场相媲美，必将永存于世。

鸟巢

国家大剧院由法国建筑师保罗·安德鲁主持设计，2007 年 9 月建成。大剧院的建筑屋面呈半椭圆形，由具有柔和色调和光泽的钛金属覆盖，前后两侧有两个类似三角形的玻璃幕墙切面，整个建筑漂浮于人造水面之上。大剧院造型新颖，构思独特，是传统与现代、浪漫与现实的结合。这座“城市中的剧院、剧院中的城市”以一颗献给新世纪的、超越想象的“湖中明珠”的奇异姿态出现。

巨蛋（国家大剧院）

2）骨灰级粉丝

据说，美国留学生汤姆在清华大学留学，暑假期间到一家烤鸭店打工，当大堂服务员。

有一天，进来一位胖老头，要吃正宗的北京烤鸭。汤姆便将鸭子送到老头面前，拿起刀刚要切下去，只见老头说：“慢。”他先扳开鸭子嘴看了看，说：“是当年的鸭子。”接着，伸手摸了摸鸭子屁股，摇摇头，对汤姆说：“回去换一只，不能这样忽悠顾客！”

汤姆觉得奇怪，随即问道：“怎么了？”

老头说：“这是一只南京产的鸭子，只适合做板鸭，做烤鸭味道不正！”

汤姆半信半疑，将鸭子端回后厨一问，这炉鸭子果然是从南京运来的。

汤姆又端了一只鸭子送到老头面前，拿起刀刚要切，老头又说：“慢”。还是扳开鸭子嘴看了看，摇摇头说：“这是只老鸭子，4岁了。”又伸手摸了摸鸭子屁股，看了汤姆一眼，生气地说：“再端回去吧，还不是正宗的北京鸭子。”

汤姆张大嘴巴，喃喃地说：“还不是？”

老头说：“这是一只白洋淀湖鸭，下蛋腌着好吃，做烤鸭就差远了。”

汤姆只好端回去，一问，一点不错。昨天有个小商贩送来一批湖鸭，老板贪便宜就买下了。汤姆顿时肃然起敬，赶紧换了只鸭子端出去，恭恭敬敬地呈送到老头面前。

老头照例扳开鸭子嘴看了看，又伸手摸了摸鸭子屁股，怒气冲冲地说：“这是山东肥鸭，炖着吃味道鲜美，做烤鸭就……”

没等老头说完，汤姆就端起盘子，三步并作两步，送回后厨。这一次，过了好长时间，汤姆都没出来，直到老头等急了，汤姆才急匆匆地端了一只鸭子回来。放下后，汤姆两眼眨也不眨地看着老头。老头照例扳开鸭子嘴，看了看说："第二年的鸭子。"再摸摸鸭子屁股，瞪大眼睛，显得很惊讶地说："咦，这好像是只……美国印第安纳鸭子，炸着最好吃。你们饭店还从国外进口鸭子？"

"老人家，你太神气了！连美国鸭子的产地都能看出来！真是神了！太有才了！"汤姆激动的难以自制。这只鸭子的确是他刚刚从麦当劳买回来加工的。

汤姆对老头佩服得五体投地，不由自主地张开嘴，弯下腰，手指指嘴巴，又指指屁股，语无伦次地说："老人家，快看看我吧！"

老头吓了一跳，莫名其妙地看着他。

汤姆激动得热泪盈眶，说出原委："老人家，我自小是个孤儿，老家在哪儿？多大岁数了？我全不知道。求求你了，看看我吧！"[①]

3）经济的亮光

耶鲁大学的研究人员通过分析 1992～2008 年的卫星照片，并将其与世界银行公布的各国 GDP 数据表进行对比。结果发现，城市夜晚的亮度变化与经济发展的态势很相似：经济状况越好，城市的夜晚就越亮；经济危机时，城市的夜晚就很暗淡。这表明，通过观察城市夜光的亮与暗，就可准确地判断出这个城市是处在经济繁荣状态还是处在经济萧条状态。简单地说就是：城市的夜光，经济的亮光。

4）文学中丰富多彩的比喻

文学中的相似性思维可谓是琳琅满目、俯拾皆是。略举几例，以飨读者。

---

① 黄胜．出手不凡．中外文摘，2005，（1）

例1 白居易《琵琶行》。

大弦嘈嘈如急雨，
小弦切切如私语。
嘈嘈切切错杂弹，
大珠小珠落玉盘；
间关莺语花底滑，
幽咽泉流冰下难。

美妙的声音，美妙的想象。大弦声重，故如急雨；小弦声细，故如私语；两声交加，则如大小珠子跌落在玉石盘上。“间关”的声音像花下的黄莺在婉转唱歌；幽咽的声音如冰下的水声，时断时续。

例2 秦兆阳《海边销魂记》片段。

喝，好大的一个金盘似的月亮！庄严、肃穆、悠闲，安静慈祥，金光华贵，无法形容！对着西方正在消逝的斜辉微笑，对着人间微笑。这才真正是“海上生明月”！这个生字用得真好呀！它，是大海的产子、宇宙的婴儿、黑夜的银灯、人间的装饰。天空为之变色，大海为之改容，陆地为之静默。①

好一个明月，金光华贵，像“大海的产子、宇宙的婴儿、黑夜的银灯、人间的装饰”。相似性想象惟妙惟肖，让人产生无限的向往！

5）她喜欢你吗？

你的朋友喜欢你吗？你的同事喜欢你吗？你遇到的陌生人喜欢你吗？新加坡管理大学心理学副教授诺曼·李发现了一个简单的判

---

① 常青. 叩开想象之门. 北京：教育科学出版社，1993. 42~49，102，103

断方法：开玩笑逗她。

如果你喜欢一个女孩，想知道女孩喜欢不喜欢你，那么你就给她讲笑话或开玩笑。如果女孩听了后对你说“你很有趣啊”，她就愿意和你约会；如果女孩听了你自认为很幽默或很搞笑的段子后笑不起来，她往往已经有男友，或对你没多大兴趣，或很忙很累。

这个方法简单易行，概率很高，不妨试试？

4 素质决定创新　素质决定人生

教育是立国之本。教育包括知识教育和素质教育，二者相辅相成，缺一不可。在创新引领经济的今天，素质教育尤其重要。创新强化素质，素质决定创新。把素质教育渗透在教育教学中，把素质教育融合在创新理念中，把素质教育贯穿在日常生活中，是提高全民素质的必由之路，是建设创新型国家的基础。

一　素质与创新素质

1 素质与素质教育

在学校，素质教育如雷贯耳。那么，什么是素质？什么是素质教育？

素质是先天具有的与后天获得的一系列稳定的性格与品质的综合表现。素质教育就是发展与培养人的先天性格和后天品质。具体来讲，素质教育的基本内涵是道德教育、法制教育和创新教育。道德管底线，法律管顾忌，创新管发展。孔子说，治理一个国家可以用道德，也可以用刑律。用刑律的结果可使百姓不敢犯罪，但却没有廉耻之心，治标不治本。以德治国可使百姓既有廉耻之心，又有正义感，治标又治本。也就是说，法律让想犯错的人不敢犯错，道德让有机会犯错的人不愿意犯错。尽管法律是“硬控制”，道德是

“软控制”，但是，道德让人依赖自身，自觉遵守各种规则，心甘情愿地负起责任，心情也舒畅，效果自然好。而且，“道德是做人的根本。根本一坏，纵然你有一些学问和本领，也无甚益处。”（陶行之）因此，治理国家，以德为上；素质教育，德育为上。

素质教育就是国民素质教育。国民素质是国家生存与发展的基础，是国家最重要、最基本、最具活力的生产力，是国家力量与意志的象征，是国家综合实力之源。因此，应从战略高度认识国民素质的重要性，应该把国民素质教育作为国家发展战略。正如美国著名黑人民权领袖马丁·路德·金所说：“一个国家的前途不取决于它的国库之殷实，不取决于它的城堡之坚固，也不取决于公共设施之华丽，而在于公民本身。”也就是说，一个国家的前途将取决于国民素质。

通过全民素质教育，从根本上提高国民的道德修养和法律意识，为造就和谐社会奠定思想基础，此乃国家稳定发展之根本。

通过全民素质教育，将进一步提升国民的创新意识，为普及创新活动并建设创新型国家奠定群众基础。

通过全民素质教育，将进一步深化以人为本的管理理念，从而将科学管理提升到一个新境界。

通过全民素质教育，将为国家进一步发展提供新动力，注入新活力，从而促进现代化建设迈上新台阶。

全民素质教育是走中国特色社会主义道路的必然选择，是实现中华民族伟大复兴的必由之路。全民素质教育，功在当代，利在千秋！

素质教育首先是把爱心传递给每一个人。每一个人都传递爱心，世界将变得更加美好。

爱是阳光[①]

许多年前，约翰·霍普金教授给他教的毕业生布置了这样的作业：去贫民窟，找200个12~16岁之间的男孩，调查他们的家庭背景和成长环境，然后预测他们的未来。

学生们来到贫民窟，通过调查、交谈、统计、分析，最后得出结论：那些男孩中90%的人将有一段在监狱服刑的经历。

25年后，霍普金教授给另一批学生布置了另一道作业：检验25年前的预测是否正确。学生们又来到贫民窟。以前的男孩都已长大成人，有的仍然住在那里，有的搬走了，有的甚至已经去世了。学生们最终与原来的200个男孩中的180个取得了联系，其中只有4人曾经进过监狱。

为什么那些男孩住在犯罪多发的地方却有这么好的成长记录呢？学生们感到很纳闷。为了弄清原因，学生们又进行了更为深入细致的调查，结果发现其中75%的孩子都是一个妇女教过的，并在一个“退休教师之家”找到了那个妇女。学生们问那个妇女，你是怎样把良好的影响带给那些孩子的？为什么这么多年过去了，那些孩子还记着你？

妇女回答说，“不知道，我真的回答不了你们。”然后自言自语地说：“我只是很爱那些孩子……”

教育植根于爱。爱是阳光，是雨露，是教育的起点。精诚所至，金石为开。

素质教育不是头痛医头、脚痛医脚的简单处方，也不是一种权宜之计，亦不是谁说教谁，而是一种生活，是一种实实在在的、丰

---

① 〔美〕诺曼·文森特·皮尔．爱是最好的老师．王启国编译．环球时报，2005-12-23

富多彩的、积极向上的、互相鼓励的、和谐发展的社会生活。素质教育贯穿于整个教育过程，贯穿于每个人的一生。素质教育的对象不仅仅是学生，还有教师，包括每个公民。通俗地讲，素质教育就是要让每个人都养成良好的生活习惯，这就是素质教育的精髓，也是文化立国的基础。

有时候听学生讲，从小学到大学，从学士到博士，整整上了20年的学，这教育的代价也太大了。殊不知，无知的代价更大。正如马尔克姆·福布斯所说："教育的目的是将空洞的心灵转化成开放的心胸。""教育的艺术不在传授，而在鼓舞和唤醒。"

有人问一位诺贝尔奖获得者：您在哪所大学学到您认为是最重要的东西？

答：是在幼儿园。

问：在幼儿园学什么？

答：把自己的东西分一半给小朋友；不是自己的东西不要拿；东西要放整齐；吃饭要洗手；做错事要道歉；午饭后要休息；要仔细观察大自然。从根本上说，我学到的最重要的东西就是这些。

也就是说，小时候的心理经历对人的一生都很重要，因为一个人怎样思考那些小事，就会怎样面对那些大事。可见，融合于生活中的习惯教育在人生中打下了深深的烙印，此乃习惯成自然也。"如果良好的习惯是一种道德资本，那么，坏习惯就是道德上无法偿清的债务了。"（乌申斯基）"习惯真是一种顽强而巨大的力量，它可以主宰人的一生。因此，人从幼年起就应该通过教育培养一种良好的习惯。"（培根）这正是：我们想要一个怎样的明天，就看我们今天教育出怎样的孩子。

孔子曰："大学之道，在明明德，在亲民，在止于至善。"这是对教育目的深刻而又明快的阐释。

英国教育家纽曼在出任大学校长时说：“真正的大学教育是什么？不是专业教育，不是技术教育，而是博雅教育。大学的理想在于把每个学生的精神和品行升华到博雅的高度。这样的人首先在精神上是健康的。”“一个心灵健康的人做什么事情都可以；一个灵魂健全的人做什么事情都更容易胜任。”

美国前总统布什说：“也许有的同学会认为，大学只是人生受教育的重要部分，殊不知，‘大学生活’的内涵十分深厚，它既包含丰富的学科知识和学术氛围，也蕴涵着许多支撑人生成败的观念，还有丰富多彩的生活以及诸多值得结交的朋友……”

美国有位校长是纳粹集中营的幸存者，每当新教师入校时，他总要致函表达他的请求，他描述自己在集中营中看到的景象：“毒气室由学有专长的工程师建造，儿童由知识渊博的医生毒死，幼儿被训练有素的护士杀害……教育究竟是为了什么？我的请求是：请帮助学生成为有人性的人……不是创造知识渊博的怪物，多才多艺的变态狂。”这位校长惊心动魄的请求，是高度社会责任心的表达。

如果换一个角度，从更广泛的意义来看，正如哲学家康德所说：“人类真正的自由不是想做什么就可以做什么，而是知道不可以做什么，就有能力不做什么。”原来，不做不该做的事，心灵就是轻盈的，人就是坦然的，在什么时候都是自由、快乐的。这正是：“不做亏心事，不怕鬼敲门。”

2 创新素质

美国副总统乔·拜登2011年9月7日在美国《纽约时报》网站发表文章指出：“在20世纪，我们在衡量一个国家的财富时主要看的是它的自然资源、土地面积、人口和军队。而在21世纪，一个国家的真正财富在于其国民的创新精神和创造力。”由此可见，创新精神对于国家建设和国家未来至关重要。这就要求我们从现在做起，从基础做起，全力培养国民的创新素质，尤其要培养学生的创新素质。

创新素质就是指那些与人的创新活动相关的素质。创新素质包括哪些内容呢？通过对325名诺贝尔奖获得者的素质分析表明，他们具有一些共同的内在要素是：选准目标，坚定不移；特别勇敢，不顾一切；思想开阔，高度敏感；注意实践，认真探索；富有幻想，大胆思考；坚忍顽强，勤奋努力；强烈的兴趣，无休止的好奇心；等等。

二 人人具有创新潜质

创造力是天才特有的吗？有创造力的人一定行为古怪、性情孤僻吗？实际上，这种看法并不正确，创造力是可以培养和提高的。

许多人都说自己缺乏创造力，所以总是一事无成，这只是为自己的懒惰找借口。研究发现，每个人都有创新潜质①。所以，企业或公司必须开发和释放员工个人和整体的创造能量。这样，公司才能培育出一种创新文化，确保企业或公司长期的可持续发展。

实际上，许多人都对创造力抱有成见，一些看法只是简单的主观臆测，甚至是错误的。比如，有人认为有创造力的人一定是天才。基思·索耶博士指出，创造力并非人们想象的那样。有创造力的人往往工作刻苦，勤于实践，也善于思索。再比如，有人认为有创造

① 〔墨〕奥拉西奥·萨拉萨尔. 创造力人皆有之. 千年报，2006-02-05

力的人都是些“怪人”，行为怪异、性格孤僻，很少和其他人交往。其实他们再正常不过，非常容易相处，只不过有些处事方式可能与众不同罢了。

那么，创造力到底是什么？举个常见的例子，人们聊天时，一个人对同事说过的话加以概括并发表自己的看法，这种即兴表达能力就需要创造力。女人在一起大聊特聊服饰是在实践创造力，男人坐在一起神侃足球也是在表现创造力。正如索耶所说：“大家你一言我一语，在倾听的同时也在理解和思考。一次成功的谈话是大家共同努力的结果，创造力也从中得到了锻炼。”

再比如，1948 年的一天，瑞士工程师乔治·德梅斯特拉尔带着狗散步时，看见狗身上粘了许多植物芒刺，引起了他的注意和思考。通过在显微镜下观察发现，这些芒刺是和狗的卷毛钩在一起的，于是他发明了“维可牢”。索耶认为，“我们都能看见粘在狗毛上的芒刺，但创造力强的人能迅速展开思考，他们能富有远见地把两件看似不相干的事物联系在一起”。

正如乔治·塞德尔所说：“在任何领域或者学科中，创造性思考的核心是关联和结合的能力，联系方式有时很奇怪，但也让人惊叹。”

创造力包括超越经验看问题的能力，这就需要学会用已知信息提炼新的思路。有位曾获诺贝尔奖的物理学家说：“所谓发明创造，就是观察到的事物与别人相同，构想出的事物与别人不同。”

在人类创新的道路上，经常有半路出家的勇敢者闯入一个多年徘徊不前的科学领域，给这个领域带来突破。正如英国生物学家福特在一档高收视率的节目中所说：“不管是发现相对论还是发明彩色摄影，不管是发现天王星还是发明帮助哮喘病人的旋转呼吸机，全部来自于思想不受科学研究机构欢迎的业余人士。”

在人类创新的道路上还有一个引人瞩目的现象：缺乏经验的年轻人比经验丰富的老年人更富有创新活力。比如，一个门外汉建了济世方舟，而一些专家却造了泰坦尼克号——不要迷信权威。再比如，“兵马俑”出门散步，吸引游客，创造商机。

对于创造性思维而言，积累丰富的经验是重要和必须的，但过多地依赖经验却是有害无益的。正如柏拉图所说：“经验使人失去的东西往往超过给人带来的东西。”

半路出家的勇敢者和年轻人之所以更容易取得突破性的创新成果，其中一个重要原因是显而易见的：他们很少受传统经验的束缚和干扰，思想开放，因而更适合推陈出新，独树一帜。

福特在剑桥研究应用会上演讲时说：“几乎所有领导科学潮流的重要发明，均来自于有天分而自由的心灵。事实上，在我所涉及的每一个范畴里面，做出重要贡献的几乎都是来自独立而拘泥传统的人。”

有一项全球范围的问卷调查更具有启发性。你在何时何地得到最有创造力的想法？最普通的答案是：在床上，在卫生间和旅行时。[①] 没有一个答案是在办公室里。想一想，这是为什么？

1 不画别人的风景

宁子是一位华裔美籍作家。她在 2006 年 6 月 13 日发给朋友的电子邮件中说，他们全家在周末去咖啡店喝咖啡聊天，轮流谈一些各自的话题，不知不觉谈到了美国绘画大师怀斯的名画“怀斯的村庄”。宁子发表看法说，她很喜欢怀斯的风景画，希望正在学校读七

① 〔瑞典〕费得里克·阿恩. 创造力=人×（信息+知识）. 读者，2007，(24)：57

年级的小女儿也多多地临摹一些怀斯的风景画。听到这里，女儿却说，不，她不画别人的风景。

“不画别人的风景”是宁子的小女儿不想失去自己才道出的心声。世界上只有一位怀斯，不管你怎样临摹，也临摹不出第二位怀斯。宁子的小女儿已经懂得了这一点，她的将来也就可想而知了。

我们每个人，
要像宁子的小女儿一样，
不模仿别人，
不攀比别人，
活出自我——
活出实实在在，
活出坦坦荡荡，
活出轻轻松松，
活出快快乐乐，
这才是我们向往的生活！

2 不教而教

在日本东京有一个小女孩，名叫朵朵，正在上小学。一到周末就忙着补课：弹钢琴，拉大提琴，上“画画课”。

野村是朵朵的画画老师。这是个老太太级的画家，学油画出身。她的画色彩浓郁沉厚，笔触精到利落。从 20 世纪 80 年代中期起，她几乎年年参加日本东京油画大展，举办个展 15 次。[①]

① 王小音．不教而教．新民晚报，2006-09-07

这样一个画家是怎样教小孩子画画呢？每次问朵朵这样的问题，朵朵总是说："不教的。"

野村老师上课，总是先问你想画什么呢？朵朵会把自己想要画的东西告诉她。她就会鼓励说：好好画吧。然后就是你自己竭尽所能去画了。有时她会走到你身边，看着你的画，然后告诉你这个颜色可以怎么上，但不会去干扰你画画。对学生的提问，野村老师总是耐心细致，周到解答。每当学生画完了，野村老师都会在画的背面或邻页上写下批语。批的全是表扬，各式各样的表扬，各种角度的表扬，温暖、真诚。

野村老师家隔壁有一家蔬菜店，她常常去买茄子、白菜、南瓜之类，放在桌上让学生"写生"。你可以选一个、两个或全部画，长短方圆，比例色彩，她还是不教的。当然，你也可以弃蔬菜不画，画自己想画的别的主题。

春暖花开，野村老师会把孩子们带到屋后的小花园里，画各种各样的花草和树木，她只说："花儿开了真美丽，画吧。"

这样的一个"不教的"老师教出的一个学生考取了美术大学后还常常回来上课。学生们都很喜欢野村老师。

朵朵是个心清如水的小女生。画的东西，有见画如见人之感。一辆自行车安安静静，风中樱花安安静静，就连一只咖啡杯都被她画得无声无息，不卑不亢，极有分寸：灰色的小杯小碟，四周不近不远、不密不疏地点了一纸彩色点子，杯子就在这样的点子中安安静静地散发着感人的艺术气息，让你想不到一个10岁的小女孩，能画出这样气定神闲、又有点忧伤的"咖啡杯"来。野村老师在画的反面写道："在朋友的陶艺展上买了一个咖啡杯，安琪（朵朵的大名）小朋友画出了自己内心的感受。"

野村老师"不教而教"的方法，实际是一种"无为而为""大爱无言”的境界和智慧。相比那些对孩子指指点点的所谓教育，野村老师的“不教”，不但是对孩子的肯定、尊重与鼓励，而且是让学生自己发挥创意，充分地给予学生自由想象的空间。她懂画，更懂人。

3 “危险的”标准答案

第二次世界大战期间，美国军方委托著名心理学家桂尔福研发一套心理测试题，希望能用这套题挑选出最优秀的人来当飞行员。结果，通过这套题测试的飞行员，训练时表现很抢眼，可一上战场，驾驶的飞机大多被击落，比“老鸟”差远了。桂尔福非常纳闷，为什么精密的心理测试比不上“老鸟”的直觉呢？[①] 问题出在哪儿？

桂尔福向一个“老鸟”请教，“老鸟”说：“我也说不清是什么道理。不如我们一起挑几个小伙子看看，如何？”桂尔福点头同意。

第一个“菜鸟”推门进来，“老鸟”请他坐下，桂尔福在旁边仔细观察。

“老鸟”问：“小伙子，如果德国人发现了你的飞机，高射炮打上来，你该怎么办？”

“菜鸟”回答道：“把飞机飞得更高。”

“老鸟”问：“你为什么要这么做？”

“菜鸟”说：“《作战手册》上这样写的，不对吗？”

“老鸟”说：“对，这正是标准答案。现在你可以走了。”

“菜鸟”问：“长官，只有这一个问题吗？”

“老鸟”点头称是。

---

① 郝广才．标准答案死得快．讽刺与幽默，2006-11-24

第一个“菜鸟”出去后，第二个“菜鸟”进来。他一坐下，“老鸟”就问：“小伙子，如果德国佬发现了你的飞机，高射炮射上来，你该怎么办？”

“菜鸟”回答道：“呃，找片云，射进去。”

“老鸟”问：“如果没有云，你该怎么办？”

“菜鸟”说：“向下俯冲，跟他们拼了！”

“老鸟”说：“你找死啊？”

“那摇摆机身呢？”

“老鸟”说：“你没看过书？”

“菜鸟”回答道：“长官，你指的是《作战手册》吗？”

“老鸟”说：“对，难道叫你看《菜谱》？”

“菜鸟”说：“《作战手册》我看过，但有些记不清。长官，我喜欢开飞机，我要为美国开飞机。但一读书，我就晕。”

“老鸟”说：“你说明白些。”

“菜鸟”说：“我煎蛋、煎牛排都行，还会帮我老妈烤苹果派。但要我像食谱那样讲出一二三，我就晕了。”

“老鸟”说：“好了，你可以走了。”

第二个“菜鸟”走出门后，“老鸟”转过身来问桂尔福：“教授，这俩你想要哪一个？”

桂尔福说：“嗯，我想听听你的意见。”

“老鸟”说：“我会把第一个淘汰掉，挑第二个。”

桂尔福问：“为什么？”

“老鸟”说：“你看，第一个答的是标准答案，把飞机拉高，让敌人的高射炮打不到。但是，德国人是笨蛋吗？他们不知道标准答案吗？所以德军一定故意在低的地方打一炮，引诱你把飞机拉高，然后他真正的火网就在高处等着呢。你说你不死，谁死？”

桂尔福说：“噢，原来如此。”

“老鸟”说：“虽然第二个家伙有点搞笑。但是，越是不按牌理出牌的小子，他的随机应变能力反而越好。碰到麻烦，活命的机会就越大。像我这种打过很多仗却没死的人心里最清楚，战场上发生的事，《作战手册》里不会有。”

桂尔福受此启发，重新设计了他的测试题。新的测试题里有“如果你有一块砖头，请说出50种不同的用途”这类激发创意的问题。他的测试题不但为美国选出了真正优秀的飞行员，而且也因此发明了“创意测试”，成为现代创意活动之父。

实际上，世界上没有任何标准答案能够控制日常的随机事情。在手册中是找不到天才的，“高分低能”者不会成为高手，标准答案的后果很让人担忧，标准化教育更值得我们深思。

4 训练有素的狗

有一年冬天，美国密歇根州有一个小伙子买了一辆大切诺基吉普车。刚买了新车，非常激动，就邀请朋友们一块驱车到郊外打野鸭。一行五人，带着猎枪、啤酒，还有他那条训练有素的狗，出发了。

他们来到湖边，湖面封冻了。为了引诱野鸭落到湖面上，他们需要在湖面破一个洞，让野鸭看到湖里的鱼。他们取出了预先准备好的达那炸药。达那炸药从点燃到爆炸只有20秒，如果点炸药的人撤离时不小心滑倒在冰上，那可就有危险了，所以他们商量好：在岸上点燃炸药，然后再扔向湖中心。

五个人中车主的力气最大，也就很自然地被推举为扔炸药的人。他点燃炸药，挥臂一扔，炸药呈一道弧线飞向湖中央。这时，意想不到的事情发生了：在平时，只要主人往远处一扔东西，狗就会跑过去将这个东西捡回来。凭着经验，在主人抛出炸药的同时，说时迟，那时快，狗就像离弦的箭一般地飞奔过去。没等炸药落在冰面，它就腾空跃起，用嘴接住了这个饮料瓶大小的炸药，摇头摆尾地朝主人奔跑过来请功领赏。

霎时，五个人大惊失色，急忙冲着狗大喊大叫，想让它扔掉炸药。但是，这只狗显然对自己的优异表现十分得意，陶醉在主人即将像以往一样奖赏它的幸福之中，并没有领会他们的意思。情急之下，主人端起了猎枪对准了狗。狗看清了主人的举动，大惑不解。但觉得不对劲，便掉头逃到那辆大切诺基吉普车的下面藏匿起来……

由此可见，经验和标准化教育固然有可借鉴之处，但它必须与个性教育相结合，才能充分发挥人的主观能动性，才能达到教育的目的。

5 不可能也有可能

潘超的妈妈吃过早点就出门办事去了，让18岁的玛利娜照看她6岁的潘超和10个月大的、潘超的小弟弟。

下午时分，玛利娜的男朋友打电话说他刚买了辆新车，要带她出去兜风。玛利娜想都没想就爽快地答应了，这时潘超和他的小弟弟都在睡觉，他们通常要一直睡到5点才会醒来。所以，当听到汽车的喇叭声后，玛利娜急忙将两个孩子睡觉的卧室门锁上，然后迫不及待地抓起皮包冲下楼。

意想不到的事情出现了：楼下的客厅突然着了火，浓烟很快涌了上来。当潘超被弟弟的哭声惊醒的时候，浓烟从门缝下面冒进来。他跳下床，想打开门，可把手拧不动；他大声呼救，喊玛利娜，可没人答应；他向妈妈打电话求救，可电话线烧断了。这时屋里浓烟四起，火苗也蹿上来了。潘超又去推窗户，可他的小手却拔不动窗上的插销，而且窗户上还加装了护栏……

大火终于被消防队员扑灭。围观的人群纷纷议论起来：像潘超这么小的孩子怎么会成功地从火海里逃生呢？他咋知道用衣架打碎窗户玻璃并撬开护栏呢？他咋想到把10个月大的小弟弟放在背包里且背在身上？他咋想到背着弟弟，从窗户平台爬出去，再从旁边的树上滑下来呢？

这时，经验丰富的消防队长走了过来，解释道："潘超并不知道，他所做的在大人看来是绝对不可能的事情。而他之所以能做到，就是因为当时没有人告诉他'你这个办不到'、'你那个不可能'。"

有多少孩子在家长和老师不经意的指责和误解中渐渐禁锢了自己。我们的孩子为什么不敢发表自己的意见？因为我们的教育实际上并不提倡孩子自己做出判断和选择。

今天的教育，尤其是家庭教育中突出的一个弊端就是过于讲究实惠，扼杀了孩子的想象力和创造力。孩子的天性之一就是富有想象力。没有想象力的人，注定没有开拓新事物的勇气和能力。艺术需要想象，科学需要想象，生活更需要想象。想象使生活充满幻想，想象使生活富有活力，想象使生活丰富多彩！

没有以培养个性、激发兴趣为目的的教育理念是极不完善的，是不利于孩子成长的，是不利于创新教育的，更不利于整个教育，长期下去是危险的。

三　创新其实并不难

1965年，韩国一位学生到剑桥大学主修心理学。他经常到学校的咖啡厅或茶座听一些成功人士聊天。这些成功人当中，有诺贝尔奖获得者，有某一领域的学术权威，还有一些创造经济神话的人。这些人幽默风趣、态度谦虚、生活朴素、平易近人，把自己的成功都看得非常自然。而在国内时，一些成功人士普遍把他们的创业艰辛夸大了，他们在用自己的成功经历吓唬那些没有取得成功的人，好让正在创业的年轻人知难而退。年轻人被欺骗了！被愚弄了！这样下去是很危险的，是不利于韩国经济发展的。

因此，他认为，很有必要对韩国成功人士的心态加以研究，以便让成功人士鼓励创业者，促进韩国经济发展。1970 年，他把《成功并不像你想象的那么难》作为毕业论文，提交给现代经济心理学创始人威尔·布雷登教授。布雷登读后大为震动，认为这是一个新发现，这种现象在东方乃至世界虽然普遍存在，但此前还没有一个人作为论点大胆提出并进行研究。

高兴之余，他写信给他的剑桥大学校友——当时的韩国总统朴正熙。他在信中说："我不敢说这部著作对你有多大的帮助，但我敢肯定它比你的任何一个政令都能产生震动。"

这本书后来伴随着韩国的经济起飞了。它鼓舞了许多人。它从一个新的角度告诉人们，成功与"头悬梁，锥刺股"没有绝对关系。只要你对某一事情感兴趣，坚持下去就会成功。这位青年后来成了韩国泛亚汽车公司总裁。

清人彭端淑有言："天下事有难易乎？为之，则难者亦易矣；不为，则易者亦难矣。"可见，难者自难，易者自易，全在自身志向。

但在不少人眼里，一谈到创新，就觉得那是尖端技术，只有科学家才能干，与普通人无缘。其实这是一种误解。高新技术固然需要创新，但普通技术同样也需要创新。而且，它常常就藏匿在我们身边的事务中。一个点子、一个想法、一个创意，就可以改变一个人、一个企业，甚至改变一个国家。

实际上，创新这事谁都能干，科学家能干，普通人也能干。爱迪生发明电灯，莱特兄弟造出飞机，都是普通人创新的实例；比尔·盖茨的微软帝国，马克·扎克伯格的Facebook也是普通人创新的奇迹。

在日常生活中，我们经常会有各式各样的想法，但是我们往往沉溺于空想而不去付诸行动，从而失去了很多创新的机会。我们经常听到，很多人在讲创新的时候理论是一套一套的，但他们根本就没有拿这些理论去实践过。如果实践了，你就会觉得，创新其实并不难。

比如，美国一位名叫海曼的画家，靠为行人画铅笔素描维持生计。由于街头行人较多，画稿纷乱，经常找不到橡皮，影响作画。于是，海曼灵机一动，将橡皮用一块铁皮绑在铅笔的后部，就这样，世界上第一只橡皮头铅笔诞生了。海曼把这个发明卖给一家铅笔厂，获利55万美元。

再比如，2008年2月，胶州市民范永光自制发电机，安装在屋顶，每天发电20多度，供家日用。

这些例子告诉我们一个浅显的道理：创新其实并不难，现实需求是创新的源泉，立即行动是成功的开始。

实际上，成功的人并不是每一方面都很出色，只是他们找到了对自己来说最有悟性的发展方向，这就是最适合自己发展的方向。在这个方向上能够充分发挥自己的优势，最大限度地释放内在的潜能。这就是绝大部分人成功的秘密。

从某个角度看，一个人的成功与创新在很大程度上将取决于观念。只要转变观念，树立创新意识，创新其实并不难。

在美国伊利诺伊州的哈佛镇，一群孩子经常利用课余时间到火车上卖爆米花。其中有一个10岁的小男孩，他不但在火车上叫卖，而且还往爆米花里掺入奶油和盐，使味道更加可口。结果，他的爆米花比别的小孩都卖得好。

小男孩发现，一场大雪封住了几列满载乘客的火车，便立马赶制了许多三明治拿到火车上去卖。结果，虽然他的三明治做得不怎么可口，但还是被饥饿的乘客抢购一空。

当夏季来临时，小男孩又设计出挎在肩上的半月形箱子，在边上刻出一些小洞堆放蛋卷，在中部的小空间放冰淇淋。结果，这种新鲜的蛋卷冰淇淋备受乘客欢迎，生意顿时火爆。

火车站上的生意红火一阵后，叫卖的孩子越来越多，小男孩意识到好景不长了，果断地抽身退出。

一个比别人做得更早、更好、更新、更清醒的人，一个懂得如何创优创新、抢占先机、适时抽身的人，怎么可能不成功呢？

后来，这个小男孩果然不同凡响，坐上了摩托罗拉的第一把交椅，他就是摩托罗拉公司创始人保罗·高尔文。

高尔文的成功告诉我们："你必须在一些，至少在一件事情上，让人知道你很棒。达到这个目标的方式有多种，比如，你比别人做得好；别人也做得同样好时，你比别人快；别人同样快时，你比别人成本低；别人成本也一样低时，你比别人附加值高。"（布雷吉）

1 从捡破烂到百万富翁

沈阳有个王洪怀，以拾破烂为生。有一天，他琢磨：收一个易拉罐才赚几分钱。如果把它熔化了卖金属材料，会不会多卖些钱？于是，他把一个空罐剪碎装进自行车铃盖里，用炭火烧，熔化成一块指甲大小的银灰色金属；花了600元在市有色金属研究所做化验，结果是一种很贵重的铝镁合金！当时市场上铝锭价格每吨在14 000～18 000元，每个空易拉罐18.5克，54 000个就是1吨。这样推算下来，卖材料比直接卖易拉罐要多赚六、七倍的钱。说干就干。他立马决定回收易拉罐，熔炼铝镁合金！

为了多收易拉罐，他把回收价格提高了一倍多，并将回收价格、收购地点、收购时间印在卡片上，向所有拾荒人散发。一周后，王洪怀到指定地点一看，一大片货车在等他，车上装的全是空易拉罐。这一天，他回收了13万个，足足有两吨半。

他立即办了一个金属再生加工厂。一年时间就用空易拉罐炼出了240多吨铝锭，三年赚了270万元。他也因此从一个拾荒者变成了百万富翁。

一个捡破烂的人，不仅想到捡，而且还要加工捡来的东西，这已经不简单了。加工之后再送到科研机构去化验，就更具有眼光了，非一般拾荒人所具有。这种人，不管他眼下的处境怎样，兴旺发达是迟早的事。

2 微笑的明天

1930年初秋的一天清晨，一位1.45米的矮个子青年从东京目黑区公园的长凳上爬起来，徒步去上班。他因拖欠房租已经在公园的长凳上睡了两个多月了。他是一家保险公司的推销员，尽管工作勤奋，但收入少得可怜，连中餐也吃不起，每天还要看尽人们的脸色。

一天，年轻人来到一家寺庙，向老和尚介绍投保的好处。老和尚耐心地听他把话讲完，平静地说：“听完你的介绍之后，丝毫引不起我投保的意愿。人与人之间，像这样相对而坐的时候，一定要具备一种强烈吸引对方的魅力，如果你做不到这一点，将来就没什么前途可言了……”

从寺庙里出来，年轻人一路上琢磨着老和尚的话，若有所悟。从第二天开始，他经常组织专门针对自己的“批评会”，请同事或客户吃饭，目的只有一个：让他们指出自己的缺点。

“你有些自以为是，往往听不进别的意见……”“你的个性太急躁了，常常沉不住气……”“你面对的是各种各样的人，必须要有丰富的知识，所以必须加强进修，以便很快与客户寻找到共同的话题，拉近彼此间的距离。”……

年轻人把这些可贵的逆耳忠言一一记录下来。每次批评会，他都有一种被剥了一层皮的感觉。通过一次次的批评会，他把自己身上的毛病一点一点地剥落下来。

另一方面，他一点一点地总结出了自己含义不同的39种笑容，一一列出各种笑容要表达的心情，然后对着镜子反复练习；他每个周日晚上还要到当时日本最著名的高僧伊藤道海那儿去学习坐禅。

随着时光的流逝，年轻人迅速地改变着。1939年，他的销售业绩荣膺全日本之最；从1948年起，他连续15年保持全日本销售第一；1968年，他成为美国百万圆桌会议的终身会员。

他就是推销大师原一平，被日本人誉为“练出值百万美金笑容的小个子”，被美国著名作家奥格·曼锹诺称为是“世界上最伟大的推销员”。

原一平用行动践行了自己的话：“我们这一代最伟大的发现是，人类可以由改变自己而改变生命。”①

由此看来，“这个世界并不是掌握在那些嘲笑者的手中，而恰恰是掌握在能够经受得住嘲笑与批评、并不断往前走的人手中！”（马

① 朱砂．练出值百万美金的笑容．今日女报，2006-01-03

云)

一位心理学家更是说的入木三分：“会不会微笑是衡量一个人能否对周围环境适应的尺度。”微笑不需要花费任何东西，它不仅会使你快乐，更会使别人快乐，何乐而不为?

学会了经常微笑，你将拥有美好的明天!

3 猪肉卖到“北大水平”

陈生，广东湛江人，北京大学经济学学士，清华 EMBA。1984 年大学毕业。陈生说，他当时想，自己是学经济的，就想“去管理经济”。这就是陈生的“梦想”。

毕业时，陈生被分配到广州市委办公厅。不久，他就发现在机关发挥不出自己的特长，于是选择“下海”。对此，陈生说：“1984 年开始城市改革，而我又刚好在当时全国最开放、机会最多的广东。”

走出机关后，他先后摆地摊卖衣服、承包菜地赚差价、投身房地产、生产醋饮料。真可谓是：自小卖蒸馍，啥事都经过。

一次，陈生去菜市场买肉时突然萌发了“杀猪”的“异想”。他想，广州的猪肉市场潜力巨大，一年几十亿元；与其他行业相比，猪肉市场经营分散，没有形成产业化；卖猪肉的绝大部分是农民，也有少部分市民，极少有“本科”的，竞争者不强，档次亦不高，这对我来说就是机会。为什么不去做大呢?带着这些想法，陈生开始了他的猪肉生涯。

2006 年，陈生用做生意的钱在湛江和广西交界处建造起他的土猪养殖厂；2007 年开始在广州开猪肉铺卖猪肉。在短短一年多的时间里，他开设了近百家猪肉连锁店，成为广州的“猪肉大王”。

通过市场调查获悉，广州市民既有购买好肉的意愿，又有很强的消费能力，所以高价好肉市场看好。在这样的背景下，他率先推出绿色环保猪肉“壹号土猪”，开始经营自己的品牌猪肉。虽然走的还是“公司+农户合作”的路子，但针对学生、部队等不同人群，选择不同的农户，提出不同的饲养要求。为部队定制的猪可肥一点，为学生定制的猪可瘦一点，为精英人士定制的肉猪则更专业，甚至每天吃中草药或冬虫夏草，使公司的生猪质量与众不同，分档次饲养。

陈生说：“卖猪肉比卖电脑还有技术含量。卖电脑就是把各种硬件进行组装，是一门技术，只要稍加学习即可。但是卖猪肉，肥肉、瘦肉、排骨等如何分割、如何搭配，决定了卖猪肉是赢利还是亏损，其不可控性很大。”正是抓住了市场的空白，针对不同的人群，分类饲养，精细化营销，从而创造性地推出了“定制猪肉”的新体制。这就是陈生推出的绿色环保猪肉“壹号土猪”的经营思想。

如果你问陈生：为什么能成功？他会告诉你：“自己只不过是比别人做事的方式更灵活。而这一切，正是他的母校——北京大学为他带来的最大财富。”他经常说：“北大是非常自由和多元的，这种校园文化使他经常采用不同的视角来看待问题。有些时候，商机可能就是靠多视角的思维方式找到的。”看来，这世界真奇妙：沿着大路走，你可能会走出一条小路；沿着小路走，你可能会走出一条大路（尚德琪）。

陈生，一个北大毕业生，不仅把猪肉卖出了“北大水平”，也改变了人们对“卖肉”行业的认识。陈生是广东天地食品集团董事长、第八届中国优秀创新企业家。

四 素质造就梦想，素质成就人生

梦想是人生的太阳。

梦想是生命的灵魂，是心灵的真情，是创新的动力，是展翅飞翔的翅膀，是有滋有味生活的源头。有了梦想，坚定不移地去追求，梦想就会成为现实，生命就会创造奇迹。

放飞梦想的日子，每一天都是阳光的；追逐梦想的日子，每一天都是充实的；实现梦想的日子，每一天都是快乐的。失去梦想的人，犹如一颗寂寞的流星，不知飘落何方？

梦想沸腾的地方，地狱将变成天堂。

1 梦想永远都是可贵的

在英国一个普通的小镇上，住着一户普通的人家，父母也是普通人，家里有一个普通的女孩，留着普通的短发，长着普通的脸庞，外表看是一幅普通的身材，倒是气质有点优雅，就是特喜欢童话故事，富于幻想。后来，她上了一所普通大学。

在大学，她经常去图书馆看童话书，每天晚上都是在图书馆闭馆时才回宿舍。大学广泛的阅读和宽松的环境让她有了更多的时间和空间去想象，使她的脑海中经常出现童话中的情景：穿着漂亮裙子的公主，蔚蓝的天空，绿绿的草地，张牙舞爪的魔鬼……

在大学的日子里，她遇到了自己的白马王子杰克。刚初恋的时候，她爱杰克，杰克也很爱她。可是后来，她天天缠着杰克要给她讲那些在他看来胡思乱想的童话故事，杰克终于无法忍受，他们分手了。

失恋的打击并没有停止她的想象，她继续想象着那些美好的童话故事。25 岁时她毕业了，去了她向往的具有童话色彩的葡萄牙。在那里，她做了一份英语教师的工作，工作之余继续想象着她的童话世界。

在葡萄牙当英语教师的日子里，一位青年记者走进了她的生活。这位青年记者幽默、风趣，风度翩翩，两人相见恨晚，立马就走进了婚姻的殿堂。但是，她的童话幻想还是让他忍无可忍，他们的婚姻生活很快走到了尽头。他给她留下了一个女儿。她遭受了生命中最沉重的打击。

紧接着，她又被学校解聘了。

无奈之下，她只好回到故乡，靠政府的救济金生活。但是，她并没有放弃她的梦想，她依然幻想着童话世界。

有一回她去领取救济金，就坐在旁边的椅子上等地铁，突然：一个她想象已久的童话人物造型涌上心头。一回到家，她就铺开稿纸，多年积淀的写作灵感和创作热情像火山爆发一般，一发而不可收。

很快，她的第一部长篇童话《哈利·波特》问世了。小说一上市就畅销全国，销量达到几百万册。后来，她又出版了一系列童话作品。

她就是乔安娜·凯瑟琳·罗琳，被评为“英国在职妇女收入榜”之首，被《福布斯》杂志评为“100 名全球最有权力名人”的第 25 位。

每一个人都是有梦想的。可是，当遭遇挫折时，好多人就把梦想放弃了。而乔安娜·凯瑟琳·罗琳却坚持着自己的梦想，即使在人生遭受重大挫折时也没有放弃。正因为她始终坚持着自己的梦想，才有了今天的辉煌。

这个故事使我们明白：雄鹰之所以能翱翔，空气的阻力是它飞行的动力；战马之所以能奔腾，路面的阻力是它跨越的力量；人之所以活得有劲，克服千难险阻、实现人生梦想是他孜孜不倦的追求！

说到底，人生最大的敌人不是艰难困苦，而是丧失了坚强的信念。

2 哈佛校长讲演：人生的意义①

Drew G. Faust 是哈佛历史上第一位女校长，第一位非哈佛毕业的校长，杰出的历史学家。这是她在哈佛大学 2008 年本科毕业生的毕业典礼上做的演讲，题为“人生的意义”：

根据这所古老学府的传统，我该慷慨激昂地传授你们一些终身受用的智慧。而现在我站在讲坛上，这身打扮也许已经吓坏了那些声名显赫的祖先们，说不定某些先人还会因此得出巫婆灭绝的根源。可我既然来了，你们也都在，那么我们还是来聊聊真理吧。

其实，早在 2007 年冬我刚上任那时，我就已经开始准备这次讲话了。

当我在克兰学舍吃午饭、在莱弗里特吃晚饭时，当我在办公时间接见同学时，甚至当我在国外偶遇刚毕业不久的学生时，同学们都会问我一个问题：为什么我们哈佛的学生中，有那么多人会投身到金融、咨询和电子银行领域中去？

我今天就引用威利·萨顿的话来回答你们。当他被问到为什么抢银行时，他说：“银行有很多钱。”

---

① 叮咛．哈佛校长给毕业生的 N 个忠告（图）．http：//edu. sina. com. cn/a/2009- 11- 20/1043181393. shtml［2009-11-20］

高薪，无可抗拒的盲从应聘心理，到纽约和众多朋友一起工作、生活，享受人生的那种踏实感，使大家奋不顾身地投入到那些领域。

比起回答你们的问题，我更有兴趣知道你们为什么会这么问，为什么这个问题会困扰这么多人？

我想，你们之所以会忧心忡忡，是因为你们不想仅仅取得传统意义上的成功，还想让人生过得有意义，可你们不知道怎么把这两个目标结合起来。你们不确定，是不是在一家大名鼎鼎的名牌企业中拥有一份起薪丰厚、前途光明的工作，就能得到精神上的满足。

其实你们一直在问的都是一些最基本的问题：关于价值、关于怎样去调和有可能存在竞争的事物之间的关系、关于鱼和熊掌不可兼得的领悟。你们现在正处于一个需要做出选择的过渡阶段。你们选择了其中任何一项——如工作、事业或者读研究生——就意味着要舍弃其他的选择。每一个决定都意味着取舍——拥抱一种可能性的同时也得放弃一种可能性。你们的问题就是你们对于未来选择的路的失落感。

你们之所以焦虑，是因为你们想获取成功。你们很清楚，受教育不仅仅是为了改变自己的现状，让自己过得舒坦、满足，而是为了改变你们周围的现状。现在，到了你们去设法实现这个可能的时候了。

我想，你们焦虑的第二个问题是你们想过得幸福。你们扎堆选修《乐观心理学》和《幸福学》，就是想从中找到一点秘诀。可怎样才能找到幸福呢？我给你们一个鼓舞人心的答案：成长。调查表明，年纪越大的人——如我这个岁数的人——就比年轻人的幸福感更强烈。

每当听到你们谈论自己面临的选择时，我听得出来，你们非常担忧处理不好成功与幸福的关系，确切地说，怎么样去定义成功才能让它带来或者包含真正的幸福，而不只是金钱与名望。你们担心报酬高的工作不一定最有意义、最令人满足。

答案是：只有试过了你才知道。如果你不试着去做自己喜欢做的事，如果你不试着去追求你认为最有意义的东西，你会后悔的。人生路漫漫，选择第二志愿的机会多的是，但不要把它作为首选。

我把这个叫做职业选择中的停车位理论：不要因为没有停车位就把车停在距离目的地20个街区远的地方。想去哪就去哪，之后再折回到你该去的地方。

最重要的是牢记我们对于你们高得不可能再高的期望。就算你们觉得我们的期望高得不可能再高，也要记住，我们的期望像北极星一样，可以指引你们到达对自己、对这个世界都有意义的彼岸。你们的人生意义全在于你们自己。

我都迫不及待地想看到你们取得的成就了。有时间的话，回来看看，和我们分享你们的成就。

3 信用是人生最重要的资本

在纽约，一个流浪汉在路上遇到一位企业女高管，向她乞讨。女高管拿出自己的信用卡，让流浪汉去买点东西，并等他回来还卡。流浪汉买过东西，把卡还给了她。

有人问流浪汉，你一跑不就完了，还什么卡呀！流浪汉说：“她相信了我，我不能辜负这份信任，永远不会！”这就是信用的力量。

信用是一种彼此的约定，是一种具有约束力的心灵契约，是最高尚品格的象征。尽管它无字无形，但却比任何法律条文更具震撼力和约束力。那些流芳百世、闻名世界的成功者，都是以自己的信用赢得了人们的普遍尊重。

公元前4世纪，意大利有一个名叫皮斯阿司的年轻人，因为触犯了国王被判绞刑，几天后将被处死。皮斯阿司是个孝子，他希望在临死前能与百里之外的母亲见一面，以表达他对母亲的不孝，因为他不能为母亲养老送终了。国王被他的孝心所感动，允许他回家看母亲，但要求他为自己找个替身，暂时替他坐牢。有谁肯冒着被杀头的危险替别人坐牢？但就有人不怕死，愿意替别人坐牢，他就是皮斯阿司的朋友达蒙。

达蒙住进牢房以后，皮斯阿司就回家与母亲诀别。日子一天天过去，皮斯阿司没有回来；刑期快到了，皮斯阿司还没有回来；行刑日到了，皮斯阿司仍然没有回来。当达蒙被押赴刑场之时，人们都说达蒙上了皮斯阿司的当。

追魂炮点燃了，绞索也套在达蒙的脖子上了。胆小的人都吓得紧闭双眼，他们在内心为达蒙祈祷，并诅咒那个该死的小人皮斯阿司。

就在这千钧一发之际，皮斯阿司冒雨飞奔而来，并高喊着："我回来了！我回来了！"

顿时，刑场上欢声雷动，一片欢呼！国王闻听此事，大为震惊，就亲自赶到刑场，亲眼看一看自己优秀的子民。看后，国王大喜，亲自为皮斯阿司松了绑，并亲口赦免了他。

在赦免现场，国王当众宣布以信用立国、以信用治天下的政令。并任命皮斯阿司为司法大臣，任命达蒙为礼仪大臣，协助国王治理国家。国王说，他为自己的国家有这样的信用和义气的子民感到自豪。他相信，他们两个人一定会辅助他把国家治理成信用礼仪之邦。

事实上，正是这两个人在担任了大臣之后，以诚信治天下，使意大利走向了历史最辉煌的鼎盛时代。

这就是信用的力量。无论是一个人，一个组织，还是一个国家，当信用成为安身立命的尺度之后，就可以创造历史了。正如孔子所说："当政者运用道德来治理国政，就好像北极星，安居其所，而其他众星井然有序地环绕着它。"

4 一诺千金

他出生在香港一个贫困家庭，很小就被家人送到戏班。那时，戏班里的管教异常严厉，本该在父母膝下撒娇的年纪，却在师傅的鞭子与辱骂下练功，吃尽了苦头。有一次实在受不了了，就偷偷地跑回了家。父亲勃然大怒，坚决叫他回去："做人应当信守承诺，已经签了合同，绝不能半途而废。咱人虽穷，志不能短！"他只好又回到戏班，刻苦练功，一练就是十几年。

终于学有所成，戏曲行业却一落千丈，他空有一身本事，却无用武之地。经人介绍，他进了香港邵氏片场，做了一个"臭武行"，专门跑龙套。跑龙套的人没有尊严，经常遭人百般刁难，冷嘲热讽。他没有怨天尤人，依然刻苦做事。由于学了一身好功夫，加上为人厚道，几年以后，他开始担当主角，小有名气，每月能拿到3000元。

有一天，导演何先生请他出演一个新剧本的男主角，并说："除了给你报酬外，我们也替你支付你现在正排演的剧本的10万元违约金。"何先生说完，塞给他一张支票，匆匆离去。

他仔细一看，支票上竟然签着100万！他从小受尽苦难，尝遍艰辛，不就是盼望能有今天吗？可转念又一想，如果自己毁约，手头正拍的电影就要流产，公司必将蒙受重大损失。

第二天清晨，他找到何先生，送还了支票，并说："我也爱钱，但是不能因为100万就失信于人，大丈夫理应一诺千金。”①

何先生非常欣赏这位年轻人。公司得知这件事后非常感动，主动买下何先生的新剧本，交给他自导自演。就这样，他凭借电影《笑拳怪招》创造了当年的票房纪录。就这样，香港人都认识了他——25岁的成龙。

从影30多年以来，成龙一直都很卖命。重伤29次，却从未趴下，拍了80多部电影，在全世界拥有2.9亿铁杆影迷。

在一次电视访谈中，成龙回忆起这些往事，感慨万千地说：“坦率地讲，我现在得到了很多东西。但是，如果当初我背信弃义，从戏班逃走，没有这身过硬的武功；或者为了得到那100万元一走了之，我的人生肯定不一样。我只想以亲身经历告诉现在的年轻人，金钱能买到的东西总有不值钱的时候，做人就应当诚实守信，一诺千金。”

2003年度感动中国人物评选组委会授予“致力于传播中国文化，热衷于公益事业”的著名影星成龙的颁奖辞是：作为演员，他以对事业的执著追求和顽强的拼搏精神，演绎了精彩的艺术人生，在国际影坛上展现出中国影人的形象，为世界打开了一扇了解中国文化的窗口；作为公众人物，他以对国家的情感和对社会的爱心，影响着他人，在最需要的时候鼓舞着人们的信心，传递着人与人之间的温情。

一个人要走自己的路，这没有错，但关键的是应该怎样走；走自己的路，让别人去说，也没有错，关键的是你走的路是否正确。永远记住：选择比努力更重要！

---

① 姜钦峰．没有被改写的人生．读者，2005，(22)：32

5 做好自己的事

小伟高考落榜后随他哥到深圳打工。小伟和哥在一个码头的一个仓库给老板缝补篷布。小伟很勤快，活儿做得很精细。他看到了丢弃的线头碎布就拾起来，留做备用。

一天夜里，暴风雨骤起，小伟从床上爬起来，二话没说就冲到雨帘中。他哥劝不住，骂他是个憨蛋。

在露天仓库里，小伟察看了一个又一个货堆，加固了被掀起的篷布。这时老板开车过来了，小伟已成了一个水人儿。老板看到货物无损，当场要给小伟加薪。小伟说："不用了，我只是看看我缝补的篷布结不结实。"

老板见他如此诚实，就想让他到下属的另一个公司当经理。小伟说："我不行，还是让文化高的人干吧。"老板说："我说你行你就行，我要的就是你身上的憨劲！"就这样，小伟当上了经理。

公司来了几个有文凭的年轻人，业务很快就开展起来了，效益也不错。几个受过高等教育的年轻人知道了小伟的底细后，很是不服。"就凭我们的学历，怎能受他领导？"小伟知道后心平气和地说："我们既然在一起做事，就要把事做好。这经理谁都可以干，可有价值的并不是在经理的职位上。"真可谓是：在人之上，要视别人为人；在人之下，要视自己为人。你架子拿得越大，越抬高自己，越让人瞧不起。几个大学生面面相觑，就不吭声了。"原谅他们吧，他们自己不知道！"（《圣经》）

一家外商听说小伟的公司很有发展前景，就想和小伟合作一个项目。小伟的助手说，这可是一条大鱼啊。

外商来了，是位外籍华人，带着翻译、秘书一行几人。

小伟用英语问："先生，会说汉语吗？"

外商说："会。"

小伟就说："我们用汉语交谈好吗？"

外商说："OK！"

谈完了，小伟邀请外商共进晚餐。晚餐很简单，但很有特色，所有的盘子都没了，只剩下两个小笼包子。

小伟对服务员说："请把这两个包子装进食品袋里，我带走。"这使我想起了一家饭店的墙壁上写着的一句话："如果您肯把剩饭剩菜打包带走，我们将欣赏您的绅士风度。"

那外商站了起来，抓住小伟的手紧紧地握着，说："OK，明天我们就签合同。"

签过合同后，老板宴请外商，小伟和他的助手都去了。

席间，外商轻声问小伟："你受过什么教育？为什么能做得这么好？"

小伟说："我家穷，父母不识字。他们对我的教育是从一粒米、一根线开始的。后来，我母亲去世，父亲辛辛苦苦地供我上学。父亲对我说：'俺不指望你高人一等，能做好自己的事就中'……"

听到这儿，老板眼里渗出亮亮的液体。老板端起一杯酒，说："我提议，敬他老人家一杯，你受到了人生最好的教育，把你父亲接来吧。"

这正是：不积跬步，无以至千里。不积小流，无以成江海。"无论在哪个行业，决定一个人是不是高手的根本因素不是技术，技术到了一定程度，大家都是一样，能分出高下的是人的心——爱心、信心和责任心。"（陈焕然）

6 不做“不可以”的事

新加坡人在购买政府住房时，如果选择与父母同住，或是住在距离父母家1公里以内的地方，会得到1万新元的奖励，还会获得优先选房的机会。如果赡养了父母，可以获得退税5000新元的奖励。如果申请者是三代同堂，将被优先安排住房。政府设计了一大一小两种户型的住房，以满足相邻而居的实际需求。新加坡的这些政策一直都被严格执行。

为什么新加坡政府如此重视“孝”，如此重视家庭？新加坡政府认为，孝敬父母的人，才能热爱国家。在一个家庭中，长辈将会把正确的社会价值观潜移默化地传给下一代。[①]试想想：一个连父母都不孝敬的人怎么会效力国家？

在新加坡，不文明的生活习惯会给自己带来麻烦。例如家里孳生蚊子，一旦罪名成立就要坐牢3～6个月，或处以5000～10 000新元的罚款。如果夫妻吵架把物品扔下楼，就犯了“鲁莽行事罪”。如果有人乱扔垃圾，就要穿上印有“劳改”字样的黄背心，不但要罚其打扫卫生，而且要通知新闻媒体拍照登报。

新加坡的公共场所到处都有罚款。80%的新加坡人赞成对损害公物、严重非礼、偷盗、私藏军火等罪执行鞭刑，也赞成对强奸幼女犯执行化学割骟。

新加坡以执法铁面无私而闻名世界。新加坡人要遵守很多法律条文和规定，这么多法律法规会不会很麻烦？新加坡人却笑着说：“不做‘不可以’的事就行了。”

---

① 攀克守．不做“不可以”的事．读者，2009，(13)：38

“不可以”是新加坡人的口头禅。当好公民，不做“不可以”的事，是新加坡人的基本原则。他们真真正正地做到了：“勿以善小而不为，勿以恶小而为之。”

7 刘细谷双脚写人生

1973年12月，9岁的刘细谷在村里的高压变电器下玩耍，不小心碰了变压器的高压电源，手臂顿时大面积炭化。医生为他施行了双臂截肢手术。

一瞬间，一切都改变了。容不得他多想，容不得他选择。一切全完了！无奈之下，他辍学在家。父母为他愁眉苦脸，聪明的他反而安慰起妈妈来：“娘，别伤心，我的手还会长出来的。”

两年后，父亲病逝，家庭的担子全落在母亲的肩上。看着慈祥、辛苦、刚毅的母亲，刘细谷再也不忍心拖累母亲。他开始练习走路。刚开始，没有双臂平衡，站起来很困难。但他下定了决心，跌倒了，挣扎着起来；再跌倒，再挣扎起来……

他在自家的晒谷场上练习走路，但自己的双脚好像是别人的，一点也不听使唤，每迈出一两步就摔倒在地。摔倒了挣扎起来再走，再摔倒了再挣扎起来还是再走……他顽强地走了下去，终于能稳步地走路了。

他又尝试着用双脚代替双手，要生活自理。我们想想看，现在有多少有双手的人尚不能生活自理，一个没有双手的人却发誓要生活自理，真是难能可贵。他说干就干。为了锻炼双脚的活动能力，刘细谷天天练习用脚趾夹物，练习吃饭、刷牙、写字，甚至练习穿针引线，缝补衣裳。

功夫不负有心人。经过一番艰难的磨炼，刘细谷的生活能自理啦！

刘细谷又有了新的目标：他要学会一门技术，自己养活自己！自己养活母亲！这份孝心对他来说很不容易，做起就更不容易。为了达到这一目的，他坚持不间断地锻炼自己的双脚，使双脚不仅能走路，而且还能干活。经过长年累月的千锤百炼，他终于把一双脚磨炼成了“一双手”，使双脚能当双手用。

一年冬天，刘细谷家请木匠做家具。木匠师傅是他们村子附近的人，每晚都回去。有天晚上，他趁师傅不在，钻进木工房，硬是用脚拉锯子，刨木板，用了三个晚上，做了个简易书架。当他把书架摆到木匠师傅和母亲面前时，他们惊呆了，觉得难以置信。

书架做成后，他便试着做小板凳。小板凳做成后，他让一个小朋友将小板凳摆在街头卖，自己在一旁观察。不一会工夫，几个小板凳就被人买走了。拿着用心血换来的第一笔收入，刘细谷的眼眶湿润了，他终于从心底里喊出一句话：“我不是废人！”

第一次的成功更加坚定了他学木工的信心。但对他来讲，要当一个好木匠谈何容易。就拿木匠打眼来说，没有双臂，只能一只脚扶凿子，一只脚举锤子，稍不注意就打到脚趾上，时常砸得鲜血直流。再拿拉锯来说，那粗大的锯柄，他的脚趾连夹都夹不住，更谈不上用力。他就将锯柄的一头做得细巧且粗糙，使其与脚趾的“容量”相符，使脚趾能用锯。拉锯、推刨等工序使他的双脚常常交替出血、化脓。这一切，他都咬紧牙关硬挺。

经过1000多个日日夜夜的磨炼，刘细谷终于熟练地掌握了画墨、打眼、拉锯、推刨等木工要领；能根据用户需要，做椅子、凳子、柜子、沙发、木床；还能做门窗、修农具等，成了远近闻名的“刘木匠”。

后来，刘细谷又在家里办起了免费图书室，义务为乡亲们放电影。从1985～1990年，他在全县17个乡镇累计放映电影1300多场次，行程4500余千米。

为了使自己的身体健康，刘细谷坚持跑步、游泳等体育锻炼。1984年，他在全国首届残疾人运动会上一举夺得一金三银；在1987年第二届全国残疾人运动会上获得两枚铜牌，并被评为全国精神文明运动员。

1993年，饱经风霜的刘细谷和腿有残疾的妻子一道，在天城镇农贸市场上开了一个山货店。店铺虽不大，生意却红火。凭着勤劳的双手和灵活的头脑，他盖起了两层楼房，家用电器一应俱全，让那些好脚好手的人都羡慕。

回想往事，40多岁的刘细谷感慨万千。他常常想，我难道就只能给儿女留下这栋宽大明亮的楼房吗？不，我还要给他们留下一笔精神财富。于是，从2001年起开始，他就用脚写自传，他要把自己的亲身经历写成书，留给孩子，留给这个家……

1984年，刘细谷被评为省“五讲四美三热爱”积极分子；1985年，被共青团湖北省委授予“新长征突击手”；1987年，共青团湖北省委为他记“立志建功”一等功；1989年，湖北省人民政府授予他“湖北省特等劳动模范”；1995年，被咸宁地区工商局、个体劳动者协会授予“先进个体工商户”称号。

他，就是来自湖北省咸宁市崇阳县白霓镇乌土山村的残疾青年刘细谷。他用一双脚在人生的道路上不断拼搏，走出了自己扎实的人生之路。他在最泥泞的人生道路上，留下了最清晰的脚印！

时常，面对无路可走的绝境，许多人选择了放弃。其实，真正无路的绝境不多，经常是荒草掩藏着小路，但只要肯荷锄振衣，深入进去，就能寻找出新路来。

问题在于：阻碍我们成功的最大障碍，往往并不是事情本身的困难，而是“不可能”这三个字。它磨灭了我们的勇气，使我们不战而降；它局限了我们的视野，使我们画地为牢；它束缚了我们的思维，压抑了我们的智慧，使我们陷入了消极的思路，最终进入了末路。成功者与常人最大的不同就是，他们知道“不可能”只是一道虚掩的门，只要付出勇气、坚韧和执著，就能找到一条前人未曾走过的路，到达成功的彼岸。

8 招聘奇招

统一公司：先去扫厕所

统一公司要求员工有吃苦精神和脚踏实地的作风。凡来公司应聘者，公司先给应聘者一个拖把扫厕所，不接受此项工作或只把表面洗干净者均不予录用。有位应聘者现场将自己洗净的马桶水喝了下去，结果受到公司领导的拥抱。公司认为，一切利润都是从艰苦劳动中得来的，不敬业就是隐藏在公司内部的“敌人”。

通用电器：木板过河游戏

公司将应聘者分为两组，进行“木板过河”游戏比赛。其中每组有一个“病人”需要送到“河”对岸，要求用木板搭成“桥”将“病人”送到河对岸，谁先送到则录用谁。实际上，“桥”的长度不可能达到“河”对岸，只有把两组木板合并起来才能过“河”。如果两组应聘者都只想着自己过“河”，说明应聘者缺乏团队意识，则都将不予录用。

松下电器：70分以上我不要

松下公司要求应聘者据实给自己打分，给自己打70分以上者公司一般不予录用。松下公司认为，自认为优秀的人，或者眼高手低、不服管教，或者跳槽率高，而公司要的是“适当”的人才，70分就已足够。

奔驰公司：写离职信

德国奔驰公司在面试时，要求求职者当场写一份离职信。通过信中所陈述的辞职理由，能更好地了解求职者应聘的动机，还能增强危机意识，使其在未来的工作中更好地为公司服务。

亚马逊书店：拉家常

亚马逊书店的考官在面试时，经常会问一些与面试看似无关的问题，比如“你家有几口人？”“你父亲和母亲谁对家里的大事做决定多一些？”“你在家做不做家务？”“平常在家喜欢干什么？”感觉就像是在拉家常。其实，考官就是通过这些轻松随便的话题来考察求职者的反应能力、知识、素养、品质等。

9 比尔·盖茨给青少年提出的11条生活准则①

比尔·盖茨给青少年的11条准则，旨在告诉青少年朋友：如何做人，如何面对生活，如何走向成功。

第1条：适应生活。生活是不公平的，要去适应它。命运掌握在自己手中。

第2条：成功是你人格的资本。成功是人生的最高境界，成功可以改变你的人格和尊严。自负是愚蠢的。

第3条：别希望不劳而获。成功不会自动降临，成功来自你的努力。要分解目标，循序渐进，坚持到底。

第4条：习惯律己。如果你认为老师严厉，等你当了老师再这

① 比尔·盖茨给你的11条成功忠告．http：//edu. sina. com. cn/en/2008-11-26/101447399. shtml [2008-11-26]

样想。

第5条：不要忽视小事。平凡成就大事业。

第6条：从错误中吸取教训。如果你陷入了困境，那不是别人的错，所以不要抱怨，要从中吸取教训。

第7条：事事要自己动手。不要总靠别人活着，要凭借自己的力量前进。

第8条：你往往只有一次机会。机会是一种巨大的财富。在现实生活中，机会往往就那么一次。也许你“没有机会”，但可以创造机会。

第9条：时间在你手中。生活不分学期，你没有暑假可以休息，也没有几个人乐于帮你发现自我。自己找时间做吧，决不把今天的事情拖到明天。

第10条：做该做的事。在现实生活中，人们实际上得离开咖啡屋去干自己的工作。

第11条：善待身边所有的人。善待他人就是善待自己，要用赞扬代替批评，并主动适应对方。

10 天生我材必有用

我们知道，生活中总会碰到一些不顺心的事，有时还会碰到一些困难或挫折，甚至暂时的失败，这都是很正常的事情。只要我们以正常的心态去面对，用积极的方法去解决，就没有过不去的火焰山。

生活或工作中遇到困难，首先要从自己身上找根源，找智慧，找解决办法。即使遇到危机，危急中也存在着机遇。

要坚信自己，坚信“天生我材必有用，千金散去还复来”。是金子，总会发光。

也不要忘了美国电影人伍迪·艾伦的话："如果你不是经常遇到挫折，说明你做的事情没有很大的创新性。"

有时候，我们可能看不清自己，那不妨看一看一张钞票的启示吧[①]：

阿尔弗雷多和好友马里萨一起喝咖啡。他意志消沉，向马里萨倾诉自己的痛苦…… 工作、家庭生活等都出了问题，他的生活似乎一团糟。

马里萨拿出皮夹子，抽出一张100美元的纸币，问阿尔弗雷多："你想要这张钞票吗?"阿尔弗雷多开始有些不明白，就说："100美元谁不想要?"

马里萨又将钞票揉成团，再问阿尔弗雷多："现在你还要吗?"阿尔弗雷多越发糊涂，说："马里萨，我不知道你想干什么，但它仍然是100美元，你给我，我就要。"

马里萨再将揉皱的钞票展开，扔到地上，用脚使劲踩了几下，然后拿起弄得脏兮兮的钞票，还问阿尔弗雷多："你还要吗?"阿尔弗雷多说："马里萨，我还是不明白，你到底想干什么？但这张100美元的钞票，只要不毁掉它，它的真正价值就没有发生变化……"

马里萨说："阿尔弗雷多，你应该明白，尽管有些情况并不像你期望得那样好，尽管生活可能让你吃尽苦头，但你具有的价值永远与以往一样，就像这张钞票。所以你应该自问，自己的真正价值到底是什么?"

阿尔弗雷多看着马里萨，无言以对。马里萨将揉皱的钞票弄净展平，放在阿尔弗雷多手上，微笑着说："收好它，当情绪不好时就

---

① 佚名．一张钞票的启示．http：//www.zgjrwx.com［2005-09-03］

想想它。但是你欠我一张100美元的新钞票，当下一个朋友需要它的时候，你可以替我使用那张新钞票。”她说完，吻了一下阿尔弗雷多的面颊，然后向咖啡馆的大门走去。

阿尔弗雷多又看了看那张钞票，微笑着将它放进皮夹子，感到浑身充满了活力。

但是，我们有些朋友一遇到困难或挫折就灰心丧气，怨天尤人，或抱怨命运不公，或怀疑自己的价值。抱怨解决不了“一分钱”的问题，而且在抱怨中丧失了一次次发展良机。

逆境的出现，虽然不一定是自己招引的，但绝大部分情况总是与自己的弱点、缺点或失误有关。在逆境的压力下检查自己的弱点、缺点或失误是痛苦的，甚至是难看的，然而必须迈出这一步。迈不出这一步，你将一直生活在逆境中，而且越陷越深。迈出了这一步，将是你自信的开始，将是你美好生活的开始。

“有人走遍了全世界去寻找蓝花，后来发现：蓝花就开在他家的后院。”

参考文献

〔美〕Duke S. 2008-05-27. 我们总是错估他人看法．Joy 编译．青年参考

百悦编译．2004-11-09. 不如从改变自己开始．今日女报

〔美〕彼得·杰奥尔杰斯库．2007. 创新来急救．赵菲菲译．财富，10：15

〔美〕彼得斯．2002. 彼得斯创新理念全书．成明编译．北京：九州岛出版社．13～32

蔡敏．2007. 中国“人造太阳”装置实现跨国远程控制放电．安徽电力科技信息，2：42

陈力．2004-06-04. 欲览星河上九霄——哈勃空间望远镜小记．http：//www. astron. sh. cn/jiangzuo/habor. html

常青．1993. 叩开想象之门．北京：教育科学出版社．42～49，102，103

陈家兴．2007-10-09. 人民论坛：“创新是企业的饭碗”．http：//finance. people. com. cn/gb/6353067. html

陈勇．2005-10-24. 美科学家制成可以用来运输分子的“纳米车”．http：//tech. sina. com. cn/d/2005-10-24/0816746106. shtml

崔耕和．2006. 低姿态进入．思维与智慧，11：17

储诚水．2006. 翅膀的天性．思维与智慧，3：6

岱烨．2006. 选择比努力更重要．河北企业，12：5

邓笛编译．2007. 训练有素的狗．青年博览，19：28

邓辉．2008. 信用是人生最重要的资本．环球观察，11：4

董保纲．2005. 微笑如花．思维与智慧，10：37

杜永平．2003. 创新思维与创造技法．北京：北方交通大学出版社．36-40，149-155

段奇清．2007. 船行多面风．思维与智慧，2：35

〔美〕多萝西·伦纳德·巴顿．2000. 知识与创新．孟庆国，侯世昌译校．北京：新华出版社．43-62

仿生建筑方兴未艾．2005-05-14. 参考消息

冯源．2007. 换位思考．思维与智慧，15：47

傅云龙，柴尚金著．1997. 易学的思维．沈阳：沈阳出版社．15～18，43～66

谷超豪．2001. 别有洞天——非线性科学．长沙：湖南科学技术出版社．86-102

郝广才．2006. 标准答案死得快．讽刺与幽默，11：24

黄保强．2004. 创新概论．上海：复旦大学出版社．16-41

黄海珍．2005. 名企的招聘方式．东方青年，16

黄小平 . 2007. 一个小男孩的取胜之道 . 读者，6：39
〔德〕克里斯托夫·海因 . 2006-02-20. 通往世界经济强国的坎坷之路 . 法兰克福汇报
〔美〕吉姆·克斯泰特 . 2004-10-11. 老温床上孕育新公司 . 商业周刊
〔英〕吉诺·比利 . 2007-10-24. 创新，改变世界的动力 . 洪琦编 . 参考消息 .
姜钦峰 . 2005. 没有被改写的人生 . 读者，22：32
姜汝祥 . 2008. 为什么他是富人 . 读者，14：58，59
姜维群 . 2006. 咋样才能喝到粥，思维与智慧，10：35
蒋光宇 . 2007. 创新需要自由的心灵 . 思维与智慧，2：5
江苏省教育厅中小学教学研究室，南京金陵中学编著 . 2000. 激活创造的潜能：南京金陵中学研究型课程探索与实践 . 南京：南京师范大学出版社 . 16 ~ 45
金铃子 . 2004. 妈妈，我找你好久 . 读者，21：14 ~ 16
金马 . 1993. 创造智慧论 . 北京：北京师范大学出版社 . 39 ~ 51
〔阿根廷〕“恐怖袭击险”热销伊拉克 . 2005-08-19. 号角报
李丹崖 . 2005. 退步原来是向前 . 思维与智慧，10：30
李红霞 . 2006. 让他把话说完 . 读者，18：63
李润珍，武杰 . 2003. 非线性提供了一种新的思维方式 . 科学技术与辩证法，2（20）：26 ~ 29
李世明 . 2004. 思维方法论 . 北京：中国大地出版社 . 145 ~ 157
李政道著；朱允伦，柳怀祖编 . 2000. 对称与不对称 . 北京：清华大学出版社；广州：暨南大学出版社 . 12 ~ 14
李智红 . 2001. 善待对手 . 读者，13：12，13
梁良良 . 2000. 创新思维训练 . 北京：中央编译出版社 . 22 ~ 71
林少琼 . 2006. 温暖 . 中国校园文学，1：34
林熠 . 2007-11-27. 日本人生活中处处有发明 . 世界新闻报
刘迪 . 2007-11-23. “日本创造”从何而来 . 环球时报 .
刘卫平 . 1999. 创新思维 . 杭州：浙江人民出版社 . 37 ~ 62
刘彦生 . 2007. 西方创新思维方式论 . 天津：天津大学出版社 . 152 ~ 211
刘燕敏，洪方煜 . 2007. 别让那只鸟飞了 . 微型小说选刊，24：7，8
刘永谋 . 2007. 世界上最精彩的哲学故事 . 哈尔滨：黑龙江科学技术出版社 . 11，194
刘铮，周英峰 . 2008-10-30. 国家统计局报告：我国经济总量升至世界第 4 位 . http：//house. focus. cn/news/2008-10-30/556359. html
鲁先圣 . 2003. 弯腰的哲学 . 读者，17：31

鲁雅．2005. 素质创造财富．云南教育（继续教育），3：48

〔英〕玛丽·格里宾，约翰·格里宾著；查瑞斯·浦瑞斯特雷插图．2004. 混沌和不确定性．陈传显，谢迅译．北京：中国宇航出版社．6，7，20，21，50，51

〔美〕麦拉·古德曼．2007-11-21. 坚信你的梦想．王悦编译．环球时报

美国从“中国组装”中获益最大．2006-02-11，参考消息

潘天群．2005. 博弈思维：逻辑使你决策致胜．北京：北京大学出版社．87～184

培育创新精神构建创新文化——来自高级专家理论研究班的报告．2006-10-11. http://www.gmw.cn/content/2006-10/11/content_486544.htm

〔新加坡〕培育创新文化的10大策略．2007-01-27. 海峡时报

强志源．1993. 现代企业战略管理．北京：北京理工大学出版社．67～112

〔美〕乔治·沃克·布什．2006. 人人都可能当总统．读者，1：47

清风慕竹．2007. “不可能”是一扇虚掩的门．思维与智慧，13：50，51

芮明杰．1994. 现代企业管理创新．上海：上海译文出版社．28～43

上善若水．2007. 真正强大的力量．读者，12：33

沈岳明．2004. 无价的经历．思维与智慧，12：39

〔日〕生态水泥．2005. 日本通讯（月刊），10

〔墨〕世界技术创新的企业领袖．2006-02-27. 改革报

石山水．2004. 蝴蝶效应：你不可以忽略身边的小事情．北京：中国民族摄影艺术出版社．2～24，60～76

水木．2004. 创造卓越：创新思维训练方法．北京：中国商业出版社．29～37

谭延桐．2007. 不画别人的风景．读者，16：56，57

陶伯华，马禾．2000. 怪异思维．哈尔滨：黑龙江人民出版社．149～212

〔英〕托比·摩尔．2004-11-13. 精打细算的亿万富翁．金融时报

〔美〕托马斯·迪巴科．1989. 美国造——美国企业的进取和创新精神．戴彬译．北京：生活·读书·新知三联书店．.17～32

王飙．2003. 不断突破心灵的绊马索．中国青年，11

王大卫．2007-09-22. 两个犹太人三个脑袋．青年参考

王慧峰．2007-09-27. 全国政协视察国家创新体系建设：创新之火势必燎原．http://cppcc.people.com.cn/gb/34956/6319449.html

王雷译．2006-05-11. 企业创新秘笈．参考消息，5

王丽萍．2005-09-14. 感恩的心．新民晚报

王伟．2008-11-26. 高等教育．大家报刊网（古今故事报）．http：//www. djbkw. com.
王晓河．2004. 挖掘潜质．思维与智慧，11：4
王则柯．2002. 博弈论：生活中的策略大师．读者，18：56～58
〔英〕魏城．2006-06-13. 还给孩子们一个童年．金融时报
魏诺．2004. 非线性科学基础与应用．北京：科学出版社．23～46，94，95，153～169
苇笛．2007-02-03. 别人看你的眼光．广州日报
闻易．2000-12-10. 美国怪招测股市．国际金融报
〔美〕沃特·斯塔普斯．2001. 像赢家那样思考．刘祥亚译．海口：南海出版公司．62～78
吴光远．2005. 受益一生的 44 种思维方法．北京：海潮出版社．117～128
吴首春．2005. 沙漠里养鱼．思维与智慧，15：61，62
武杰，李润珍．2001. 非线性相互作用是事物的终极原因吗？科学技术与辩证法，6（18）：15～19
息明伟．2007. 换一种方式也许离成功更近．读者，5：63
谢希德．1999. 科学思想和科学方法．上海：上海科学普及出版社．34～65
星竹．2004-10-02. 一张床垫．羊城晚报
薛涌．2006. 中国不能永远为世界打工．读者，8：36，37
徐黾．2004. 瓜果哲学．思维与智慧，12：8
严锋．2008-10-09. 30 年来中国的发展是对全世界的贡献——专访美国中国问题专家蓝普顿．参考消息
杨春海．2006. 雨的断想．思维与智慧，4：22，23
杨孝文．2007-08-21. 世界最轻固体气凝胶：耐高温防炸弹将改变世界．http：//tech. sina. com. cn/d/2007-08-21/07201687883. shtml
叶公．2001. 没有信誉就没有生存．北京纪事，23
一冰．2005. 公正是最大的动力．深圳青年，7（上）
〔美〕伊莱恩·丹敦．2005. 创新的种子：解读创新魔方．陈劲，姚威等译．北京：知识产权出版社．77～120
佚名．2007. 绝境里的机会．思维与智慧，13：57
佚名．2004. 一碗馄饨．读者，8：61
迎南，彦敏，李菲．1998. 现代障眼法·隐身技术．总政治部宣传部主编．北京：解放军出版社，11～36
〔苏〕尤里·里希特．2004. 信．李志民译．微型小说选刊，24：46，47

尤今．2006-04-09．让我跌下去吧．南国都市报

游敏惠，刘秀伦．2004．大学生创造力培养与开发．北京：人民邮电出版社．51～54

羽毛．2009．笨拙的梦想．读者，1：10，11

郁青．2005．“人”证．微型小说选刊，20：16，17

袁伯伟．2004．创新：开发你帽子底下的金矿．北京：中国财政经济出版社．142～198

袁张度．2001．中国创造学论文集．上海：上海科技文献出版社．33～55

袁正光．1993．全球经济中的巨子——世界100家大企业．北京：中国大百科全书出版社．42～98

〔英〕扎奥丁·萨德尔，艾沃纳·艾布拉姆斯．2007．视读混沌学．孙文龙译．合肥：安徽文艺出版社．10～25

翟江波，杨清波．2008．快乐的城堡．读者，18：55

张国华．2008-11-04．从一粒米成功．环球观察

张丽钧．2004．童心的价值．意汇，12：20

张兴旺，王锡军，蔡亚君．2004-08-11．刘细谷：无臂双脚写人生．湖北日报

张子瑞，王旭辉．2008-12-29．创新助企业抵御“寒冬”．http：//www.jjckb.cn/wzyw/2008-12/29/content_135911.htm

赵晓飞．2005．你会讲故事吗．中外企业文化，11

郑尚．2004．最受欢迎的教育方式．读者，23：58

〔韩〕郑哲焕．2007-05-21．亚洲金融危机的最大受惠国是中国．朝鲜时报

周慧敏．2004．与时俱进的创新思维方式．上海：上海人民出版社．23～53，185～201

周伟．2008．为什么没有美国制造．读者，18：26，27

周延波，郭兴全．2004．创新思维与能力．北京：科学出版社．125～131

朱长超．2001．创新思维．哈尔滨：黑龙江人民出版社．211～260

朱封金．2006-06-22．无臂人生路——记崇阳肢残运动员刘细谷．咸宁日报

朱铁志．2004．上帝存在于细节之中．读者，23：44

朱宇航．2007．谁是最后的幸存者．读者，23：58，59

左夫．2004．想不到就做不到：改变命运在一念之间．北京：中国国际广播出版社．164～166，241，310～325

左嘉仪，文沛．2001．智慧淘金：将创意变为财富．南宁：广西民族出版社．18～27